钻石及钻石分级
（第二版）

杜广鹏 奚波 秦宏宇 编著

ZUANSHI JI ZUANSHI FENJI

参编学校

长春工程学院
石家庄经济学院
海南职业技术学院
昆明市旅游职业学校
番禺职业技术学院
华南理工大学汽车学院

中国地质大学出版社有限责任公司
ZHONGGUO DIZHI DAXUE CHUBANSHE YOUXIAN ZEREN GONGSI

内 容 简 介

本书是基于作者多年的钻石工作经验和教学经验，以国家钻石分级标准为纲领，广泛参阅国际主要的钻石分级标准并结合最新的钻石研究成果和市场信息编著而成。编著者坚持理论联系实际，系统介绍了钻石的宝石学基本性质、钻石4C分级的基本概念、钻石4C分级的工作方法和要求、钻石的合成和优化处理、钻石和仿钻的鉴定以及钻石的贸易和市场等内容和知识。

本书内容丰富、图文并茂、资料翔实，其最大特点是理论知识的系统性和操作方法的实用性，可以作为大专院校宝石专业的相应教材，也是钻石加工、鉴定、分级、商贸等从业人员的重要参考书，更适合于珠宝爱好者收藏阅读。

图书在版编目(CIP)数据

钻石及钻石分级/杜广鹏，奚波，秦宏宇编著．—2版．—武汉：中国地质大学出版社有限责任公司，2012.1(2020.5重印)

ISBN 978‑7‑5625‑2707‑7

Ⅰ．钻…

Ⅱ．①杜…②奚…③秦…

Ⅲ．钻石-分级-基础知识

Ⅳ．TS934.3

中国版本图书馆 CIP 数据核字(2011)第 238741 号

钻石及钻石分级(第二版)		杜广鹏　奚波　秦宏宇　编著	
责任编辑：张　琰			责任校对：张咏梅
出版发行：中国地质大学出版社有限责任公司(武汉市洪山区鲁磨路388号)			邮政编码：430074
电话：(027)67883511　传真：67883580		E‑mail:cbb@cug.edu.cn	
经　　销：全国新华书店		http://www.cugp.cn	
开本：787毫米×960毫米 1/16		字数：225千字　印张：11.125	
版次：2007年9月第1版　2012年1月第2版		印次：2020年5月第8次印刷	
印刷：荆州鸿盛印务有限公司		印数：19 501—21 500 册	
ISBN 978‑7‑5625‑2707‑7			定价：54.00 元

如有印装质量问题请与印刷厂联系调换

21 世纪高等教育珠宝首饰类专业规划教材

编 委 会

主任委员：

朱勤文　中国地质大学（武汉）党委副书记、教授

委　　员（按音序排列）：

陈炳忠　梧州学院艺术系珠宝首饰教研室主任、高级工程师
方　泽　天津商业大学珠宝系主任、副教授
郭守国　上海建桥职业技术学院珠宝系主任、教授
胡楚雁　深圳职业技术学院副教授
黄晓望　中国美术学院艺术设计职业技术学院特种工艺系主任
匡　锦　青岛经济职业学校校长
李勋贵　深圳技师学院珠宝钟表系主任、副教授
梁　志　中国地质大学出版社社长、研究员
刘自强　金陵科技学院珠宝首饰系主任、教授
秦宏宇　长春工程学院珠宝教研室主任、副教授
石同栓　河南省广播电视大学珠宝教研室主任
石振荣　北京经济管理职业学院宝石教研室主任、副教授
王　昶　广州番禺职业技术学院珠宝系主任、副教授
王莘锐　海南职业技术学院珠宝专业主任、教授
王娟鹃　云南国土资源职业学院宝玉石与旅游系主任、教授
王礼胜　石家庄经济学院宝石与材料工艺学院院长、教授

肖启云	北京城市学院理工部珠宝首饰工艺及鉴定专业主任、副教授
徐光理	天津职业大学宝玉石鉴定与加工技术专业主任、教授
薛秦芳	中国地质大学(武汉)珠宝学院职教中心主任、教授
杨明星	中国地质大学(武汉)珠宝学院院长、教授
张桂春	揭阳职业技术学院机电系(宝玉石鉴定与加工技术教研室)系主任
张晓晖	北京经济管理职业学院副教授
张义耀	上海新侨职业技术学院珠宝系主任、副教授
章跟宁	江门职业技术学院艺术设计系副主任、高级工程师
赵建刚	安徽工业经济职业技术学院党委副书记、教授
周　燕	武汉市财贸学校宝玉石鉴定与营销教研室主任

特约编委：

刘道荣	中钢集团天津地质研究院有限公司副院长、教授级高工 天津市宝玉石研究所所长 天津石头城有限公司总经理
王　蓓	浙江省地质矿产研究所教授级高工 浙江省浙地珠宝有限公司总经理

策　　划：

梁　志	中国地质大学出版社社长
张晓红	中国地质大学出版社副总编
张　琰	中国地质大学出版社教育出版中心副主任

改版说明

——记庐山全国珠宝类专业教材建设研讨会之共识

中国地质大学出版社组织编写和出版的"高职高专教育珠宝类专业系列教材"从 2007 年 9 月面世至今已经过去三年。为了全面了解这套教材在各校的使用情况及意见,系统总结编写、出版、发行成果及存在问题,准确把握我国珠宝教育教学改革的新思路、新动态、新成果,中国地质大学出版社在深入各校调研的基础上,发起了召开"全国珠宝类专业课程建设研讨会"的倡议,得到各校专家的广泛响应。2010 年 8 月 10 日~13 日,来自全国 27 所大中专院校的 48 位珠宝教育界专家汇聚江西庐山,交流我国珠宝教育成果,研讨课程设置方案,并就第一版教材存在的问题、新版教材的编写方案等达成以下共识。

一、第一版教材存在的问题及建议

按照 2005、2006 年商定的编写和出版计划,"高职高专教育珠宝类专业系列教材"共组织了十多所院校的专家参加编写,计划出版 20 本,实际出版 12 本,从而结束了高职高专层次珠宝类专业没有自己的成套教材的历史。在编写、出版、发行过程中存在的主要问题是:

(1) 整套教材在结构上明显失衡,偏重宝玉石加工与鉴定,首饰设计、制作工艺、营销和管理方面的教材比重过小。已经出版的 12 本教材中,属于宝石学基础、宝玉石鉴定方面占 2/3,而属于设计、制作工艺、管理及营销方面的只占 1/3,不能满足当前珠宝首饰类专业人才培养的需要。造成这种状况的一个重要原因是,编委会所组织的参编学校中,结晶学、矿物学、岩石学基础普遍较好,宝石加工、鉴定力量较强,而作为首饰设计、制作工艺基础的艺术学基础和作为经营管理基础的管理学相对薄弱。因此建议在改版时加强薄弱环节,并补充急需的教材选题。

(2) 编写计划在各校实施不平衡,金陵科技学院、安徽工业经济职业学院、上海新侨学院、上海建桥学院等院校较好地完成了预定编写计划。但有些学校由于各种原因,计划实施得并不顺利,有些学校甚至一本都没有完成。造成有些用量很大而极其重要的教材至今仍然没有出来,影响了正常的教学需要。因此建议改版时将这些选题作为重点重新配备编写力量,以保证按时出版。

(3) 或多或少都存在着内容重复或缺失现象。调查发现,有的内容多本教材涉及,但又都没交代清楚,感觉不够用;而有的重要内容,相关教材都未涉及。造成这种状况的一个重要原因是,主编单位由编委会指定,既没有发动各校一起讨论编写大纲,也没有组织编委会审稿,主要由主编依据本校教学要求编写定稿,无法充分考虑其他学校的基本要求和吸收各校的教学成果。因此建议加强各校之间的交流,改版时主编单位拟好编写大纲后要广泛征求使用单位的意见,编委会要对大纲和初稿审查把关,以确保编写质量。

二、新版教材的编写方案

(1) 丛书名称改为"21世纪高等教育珠宝首饰类专业规划教材",以适应服务目标的变化。第一版的目标定位是以满足高职高专教育珠宝类专业教学需要为主,兼顾中职中专珠宝教育及珠宝岗位培训需要。当时根据高职高专教育主要培养高技能人才的目标要求,提出了五项基本要求:以综合素质教育为基础,以技能培养为本位;以社会需求为基本依据,以就业需求为导向;以各领域"三基"为基础,充分反映珠宝首饰领域的新理念、新知识、新技术、新工艺、新方法;以学历教育为基础,充分考虑职业资格考试、职业技能考试的需要;以"够用、管用、会用"为目标,努力优化、精炼教材内容。

这几年,珠宝教育有了比较大的变化,社会对珠宝人才的需求也有变化,其中上海建桥学院、南京金陵学院、梧州学院等院校已经升为本科,原来的目标定位和编写要求已经不合适。为此,编委会经过认真研究,决定将丛书名改为"21世纪高等教育珠宝首饰类专业规划教材",以适应培养珠宝首饰行业各类应用人才的需要,同时兼顾中职中专及岗位培训的需要。在内容安排上,要反映珠宝行业的新发展和珠宝市场的实际需求,要反映新的国家标准,要突出实际操作和应用能力培养的需求。

(2)调整和充实编委会,明确编委会职责,增强编委会的代表性和权威性。与会代表建议,在原有编委会组成人员的基础上,广泛吸收本科院校、企业界的专家参与,进一步充实编委会,增强其权威性。在运作上,可以分成两个工作组,一个主要面向研究型人才培养的,一个主要面向应用型人才培养的。编委会的主要职责是:①拟定编写和出版计划、规范、标准等,为编写和出版提供依据;②确定主编和参编单位,审定编写大纲,落实编写和出版计划;③审查作者提交的稿件,把好业务质量关;④监督教材编辑出版进程,指导、协调解决编辑出版过程中的业务问题。

(3)按照分批实施、逐步推进的思路确定新的编写计划。编委会计划用三年时间构建一个"21世纪高等教育珠宝首饰类专业规划教材"体系,整个体系由基础、鉴定、设计、加工、制作、经营管理、鉴赏等模块组成,每个模块编写3~6门主干课程的教材,共计编写、出版教材32种。与原来的体系相比,新体系着重加强了制作(8种)、设计(4种)、经营管理(4种)等模块的分量,并增列了文化与鉴赏方面的教材。会上,按照整合各校优势、兼顾各校参编积极性的原则,建议每种教材由1～2所学校主编,其他学校参编;基础好的学校每校可以主编2～3种教材,参编若干种。

编写出版的进度安排:2010年底前完成编写大纲的修订、定稿工作,确定每个年度的编写和出版计划,修编出版珠宝英语口语等选题;2011年秋季参编宝石学基础、贵金属材料及首饰检验、首饰设计与构思、翡翠宝石学基础、首饰制作工艺、珠宝首饰营销基础、首饰评估实用教程、钻石及钻石分级、宝石鉴定仪器与鉴定方法等;其他品种2011年着手编写/修编,争取2012年秋季出版。

三、固化会议形式,建立固定交流平台

与会专家认为,随着珠宝行业的快速发展,我国珠宝教育有了长足的进步,开办珠宝首饰类专业的学校也越来越多,但是由于业界没有一个共同的交流平台,相互之间缺乏沟通,无法相互取长补短,共同提高。这次中国地质大学出版社牵头,把相关学校召集在一起交流经验,探讨专业建设和教材建设大计,为我们搭建了很好的平台,意义非凡而深远,为珠宝教育界做了一件大好事,由衷地感谢中国地质大学出版社,同时也希望中国地质大学整合珠宝学院和出版社的力量,牵头建立全国性的珠宝教育研究组织,作为全国珠宝教育界联系和交流的平台,每1～2年召开一次会议,承办单位和地点,可以采取轮流坐庄的办法,由会员单位提出申请,理事会确定。

《21世纪高等教育珠宝首饰类专业规划教材》编委会
2010年7月6日于武汉

前　言

闪耀璀璨光芒，折射七彩人生，钻石是大自然馈赠给人类的瑰宝，被称为"宝石之中的王者"。钻石，自古以来就是财富、权利和尊贵的象征，它坚硬、华美、纯净，因此更象征着忠贞、纯洁和爱情。在漫漫的历史长河中，钻石一直闪烁在帝王的皇冠和贵族的衣衫上，在全世界的宝石大家族中，没有任何一种宝石比钻石具有更丰富的内涵、悠久的文化和无上的价值。

钻石形成于亿万年前，钻石认识、开发、研究、利用的历史也就是人类文明的进化史。随着社会需求的不断提升，钻石资源的开采也在不断加剧，随着钻石资源稀缺性越来越受到世人重视，钻石的价格也在世界范围内不断攀升。目前，钻石的贸易额大约占据珠宝首饰贸易额的80%以上，并且也吸引了更多人投资和收藏的目光。钻石的4C分级标准和技术是伴随着钻石贸易的发展而形成的，它在钻石的国际推广和贸易中具有重要的意义。近些年来，世界上有关钻石的科学研究也成果丰硕，无论是在钻石的合成、优化、处理还是钻石的检测方面，许多机构和研究者都表现了极大的兴趣和热情。

尽管我国的钻石行业发展较晚，但是经过二十年的努力，中国已经成为非常重要的钻石大国，同时也形成了国际公认最具前景的庞大市场。伴随着钻石行业的发展，我国的钻石分级标准也更多地体现了国际性特点，此外，我国的研究人员在钻石科研领域也作出了成果卓著的贡献。但是尽管如此，与国际上的发达国家相比，我国钻石行业的从业人员素质和钻石教育工作仍然有较大差距。

编著一本资料详实、内容新颖的钻石方面书籍一直是笔者的心愿，并希望可以为提升从事和有志从事钻石事业人员的专业素质略尽绵薄之力，这也是笔者编著此书最大的初衷和目的。本书最大的特点是知识的系统性和方法的实用性，此外，本书也希望汇集最新的资料和研究成果以回馈各位读者。本书的第一、二、三、四、七、八章由杜广鹏和奚波编写，第五、六章由陈征编写，并由陈征负责统稿、审订和修改工作。

在本书的编写过程中，郭守国教授、亓利剑教授、刘厚祥博士、章越颖老师给予了极大的指导、帮助和支持，在此表示感谢；此外，也深深感谢上海建桥学院和上海远东珠宝学院各位老师的大力支持。中国地质大学出版社的各位领导和老师为本书的出版付出巨大的努力，在此一并表示感谢。

由于笔者的水平有限，书中的谬误和疏漏之处一定在所难免。但是，学问之道或许就是在于相互的印证和彼此的指斥，这应该也是提高能力和水平的最佳捷径，因此，笔者诚恳期望广大读者能够对书中的不足之处给予批评和指正，在此表示衷心感谢。

笔　者

2007 年 8 月 3 日

上　海

再版前言

　　钻石资源开发利用的历史,也就是一部人类文明的发展史。随着当今世界经济的国际化合作程度越来越高,钻石资源的开发利用、生产加工和贸易流通等产业链条的各个环节早已形成了全球的依托、支持和分布。

　　试想一下,假如一颗钻石产自南非或者澳大利亚,有可能被比利时商人作为原石购买,然后进入中国或印度被委托加工,并以成品钻石的形式重新返回了比利时,中国钻石批发商从比利时将这颗钻石带回到上海,这颗钻石被镶嵌之后最终可能是戴在了一位美丽的日本新娘的指尖。这真是非常有趣的一个旅行,或许世界上再没有任何物质会具有钻石一样神秘的身世和丰富的历程。

　　近五年来,我国的钻石行业发生了非常巨大的变化,越来越多具有国际化背景的钻石批发和零售公司进入中国;越来越多崭新的营销模式出现在了钻石销售领域;越来越多原先名不见经传的公司崛起草莽,成为业界不可忽视的新生力量,并试图对原来钻石领军企业的地位形成颠覆。钻石的从业人员也变得越来越庞大,从身边来看,我越来越多的朋友和学生进入了这个行业,并成为了活跃的行业力量。

　　《钻石及钻石分级》第一版于2007年出版,被广泛地使用于钻石加工、鉴定、分级、贸易和教学的领域,并获得了较多的肯定。在我多次参观学习的过程中,曾见到它作为参考书或者教材被使用。也因为这本书,我得以结识了更多的专家和朋友,并获得了他们的细致指点和中肯意见。作为一名希望能为行业做出一点贡献的专业人士,我想这恐怕是最大的鼓励和褒奖。

　　我国于2010年对钻石分级标准做了新的修订,在此基础上笔者也对原书进行了一定的修改和完善,形成了再版的素材和条件。在新版的《钻石及钻石分级》一书中,我们仍然把理论的系统性和方法的可操作性两个内容作为重点,力争使本书体现简明、实用的特点。本书的第一、二、三、四、七、八章由杜广鹏和奚波编写,第五、六章由长春工程学院秦宏宇老师编写,并由杜广鹏负责统稿、审订和修改工作。

在本书的再版工作中,得到了中国地质大学出版社张琰老师的大力支持和帮助,在此表示衷心的感谢。同时,本书也得到了同济大学亓利剑教授、华东理工大学郭守国教授、华东理工大学沈炜博士、上海广基钻石贸易有限公司唐垚先生、上海远东珠宝学院章越颖老师以及李利俊小姐、张纯刚先生、毕佩玲女士和刘厚祥博士等专家的热心帮助和悉心指导,非常感谢他们给予的所有意见和珍藏资料。此外,中国地质大学出版社和上海建桥学院的各位领导也给予了极大的帮助和关怀,在此一并表示诚挚谢意。

本书的再版历时一年半的时间,所有的作者都进行了精心的文稿编著工作,希望能够尽量减少纰漏和瑕疵,把正确的信息传递给大家。但是能力所限或许谬误难免,也肯请各位专家、同仁、朋友和广大读者原谅并不吝指正,在此也表示深深地谢意。

笔　者

2012 年 1 月 3 日

上　海

目 录

第一章 钻石的基本性质 ……………………………………………………（1）

 第一节 钻石的化学成分及晶体结构 ……………………………………（1）

 第二节 钻石的晶体形态 …………………………………………………（3）

 第三节 钻石的物理性质和化学性质 ……………………………………（9）

第二章 钻石的4C分级 …………………………………………………（14）

 第一节 钻石的4C分级概述 ……………………………………………（14）

 第二节 钻石分级的常用仪器和工具 …………………………………（19）

 第三节 国际主要的钻石机构及其分级体系 …………………………（28）

第三章 钻石的颜色分级 …………………………………………………（35）

 第一节 钻石的颜色级别 ………………………………………………（36）

 第二节 钻石颜色分级实践 ……………………………………………（36）

 第三节 钻石的荧光分级 ………………………………………………（43）

 第四节 彩色钻石分级简介 ……………………………………………（44）

第四章 钻石的净度分级 …………………………………………………（47）

 第一节 钻石的净度特征 ………………………………………………（47）

 第二节 钻石的净度级别 ………………………………………………（56）

 第三节 钻石净度分级实践 ……………………………………………（66）

第五章　钻石的切工 ··· (70)

第一节　钻石的琢型 ··· (70)
第二节　圆明亮式琢型钻石的切工评价内容和方法 ··············· (73)
第三节　圆明亮式琢型钻石比例的评价方法 ······················· (80)
第四节　圆明亮型钻石修饰度的评价方法 ························· (111)
第五节　花式琢型钻石比例及修饰度的评价方法 ·················· (117)

第六章　钻石的质量分级 ·· (121)

第一节　钻石质量的单位 ·· (121)
第二节　钻石质量的称量方法和质量分级 ························· (122)
第三节　钻石质量的估算方法 ······································· (123)

第七章　钻石鉴定及优化处理 ······································· (127)

第一节　合成钻石及鉴定特征 ······································· (127)
第二节　钻石及仿钻的鉴定 ·· (132)
第三节　钻石的优化处理及鉴定 ····································· (137)

第八章　钻石贸易与市场 ·· (143)

第一节　戴比尔斯和钻石的国际贸易 ······························ (143)
第二节　钻石的销售渠道 ·· (147)
第三节　安特卫普和 HRD Antwerp ······························· (149)
第四节　成品钻石价格体系 ·· (152)
第五节　中国钻石市场的现状及政策 ······························ (158)

附录　镶嵌钻石分级规则 ·· (162)

参考文献 ·· (164)

第一章 钻石的基本性质

第一节 钻石的化学成分及晶体结构

一、钻石的化学成分及分类

钻石属于自然元素矿物,矿物学名称为金刚石,化学成分为碳(C)。通常总是含有氮(N)、硼(B)等其他的微量杂质元素。根据 N 和 B 的含量及存在形式,可将钻石分为两个大类(Ⅰ型、Ⅱ型)4 个亚类(Ⅰa 型、Ⅰb 型、Ⅱa 型、Ⅱb 型),此外,由于 N 的分布不均匀,还有混合型钻石存在。

1. Ⅰ型钻石

(1)Ⅰa 型。含 N 量在 0.1%~0.3%之间,氮以双原子或多原子的聚合态形式存在于钻石晶体中。天然钻石中 98%属于Ⅰa 型钻石,这类钻石颜色呈无色至黄色。

(2)Ⅰb 型。含 N 量在 0.1%以下,氮以单原子形式占据晶体结构中碳的位置。这类钻石在自然界很少见,约占天然钻石的 0.1%,但大部分人工合成的钻石都属于Ⅰb 型,这类钻石多呈黄色、黄绿色或褐色。

2. Ⅱ型钻石

(1)Ⅱa 型。不含 N 或含 N 量可忽略不计。这类钻石比其他类型钻石的热导性好,自然界中含量稀少。

(2)Ⅱb 型。不含 N,含有少量 B,钻石大多呈蓝色,部分呈灰色和其他颜色,其数量极稀少,是天然钻石中唯一能导电的类型。

3. 混合型钻石

同一粒钻石内,N 的分布不均匀,既有Ⅰ型区,又有Ⅱ型区,或者既有Ⅰa 型区,又有Ⅰb 型区。

利用电子顺磁共振(ESR)、紫外、红外和紫外形貌照相技术,可以快速确定钻石的种类。

二、钻石的晶体结构特点

钻石和石墨是碳的两种同质异象体，它们的化学成分相同，而物理性质却截然不同。例如，钻石是自然界中硬度最大的矿物，而石墨的硬度则很小，这种性质上的巨大差异主要是由它们不同的晶体结构决定的（图1－1）。

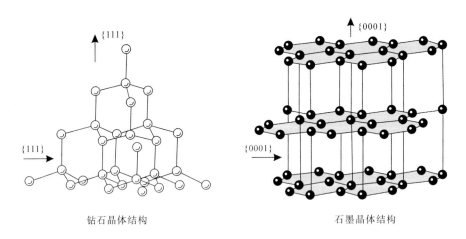

图1－1 钻石和石墨的晶体结构

钻石属于等轴晶系，其对称型为$3L^4 4L^3 6L^2 9PC$，$a_0 = 0.356$nm。钻石的空间格子类型为立方面心格子（图1－2）。碳原子位于立方面心格子的8个角顶和6个面的中心，将立方体分割成8个小立方体，相间排列的小立方体的中心也各有一个碳原子占据。每个碳原子的周围有4个碳原子围绕，形成四面体配位。钻石的整体结构可以视为角顶相连的四面体的组合，碳原子间以共价键连接，原子间距为0.154nm。

钻石的这种晶体结构特点决定了其高硬度、高熔点、不导电及在温压条件变化的情况下化学性质稳定的特点。

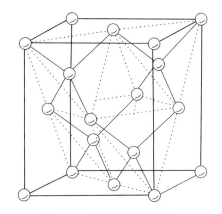

图1－2 钻石的晶体结构

第二节　钻石的晶体形态

钻石的晶体形态是指钻石的单体及钻石的矿物集合体形态而言。钻石多呈具有相对规则的几何多面体单体形态,但也常以集合体形态出现。钻石的晶体形态是其成分和内部结构的外在反映,研究钻石形态对于钻石鉴定、成因分析、指导找矿和钻石加工等方面具有积极的意义。

一、钻石的单晶体形态

钻石的单晶体形态可以是单形,也可以是聚形。此外,通常把钻石的平行连生和双晶等规则连生体也作为钻石的单晶体形态分析的对象。

1. 钻石的单形

根据钻石面网特点的分析可知,钻石中(111)方向、(110)方向和(100)方向3种类型面网的网面密度最大,所以在钻石晶体生长发育的过程中这3个方向的面网最容易保留下来形成钻石的晶面。也就是说钻石的最常见单形为八面体(图1-3)、菱形十二面体(图1-4)和立方体(图1-5)3种。此外,钻石的单形还有三角三八面体、四角三八面体、四六面体和六八面体,但不常见。

图1-3　八面体钻石

图1-4　菱形十二面体钻石

图1-5　立方体钻石

2.钻石的聚形

钻石中最常见聚形为八面体、菱形十二面体和立方体的聚形(图1－6、图1－7)所示。此外,也可以见到常见单形和其他不常见单形的聚形。

图1－6　立方体和八面体的聚形　　图1－7　立方体和菱形十二面体的聚形

由于钻石八面体(111)方向、菱形十二面体(110)方向、立方体(100)方向3种类型面网的网面密度依次降低,所以在钻石生长过程中,以上3种晶面最终保留的几率也依次降低。因此,在钻石的单晶体中八面体(111)晶面是最为常见的晶面,菱形十二面体(110)晶面次之,立方体(100)晶面较少见。

3.钻石的规则连生

钻石的规则连生可以分为双晶和平行连生两种现象。

钻石的双晶是指两个或两个以上的钻石晶体按照一定的对称规律形成的规则连生体,相临两个个体的面、棱、角并非完全平行,但是可以借助反映、旋转等晶体对称操作,使两个个体重合或平行。通常,钻石的双晶可以分为穿插双晶和接触双晶。穿插双晶(图1－8)是指两个钻石单体相互穿插生长的晶体现象,接触双晶(图1－9)是指两个钻石晶体以简单的平面形式结合在一起。在接触双晶中,最重要的形式是三角薄片双晶(macle)(图1－10)。三角薄片双晶具有典型的三角薄片外观。

  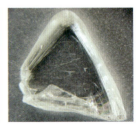

图1－8　钻石穿插双晶　　图1－9　钻石接触双晶　　图1－10　三角薄片双晶

钻石的平行连生是指钻石晶体彼此平行地连生在一起,连生晶体相对应的晶面和晶棱都相互平行(图1—11)。钻石的平行连生现象较钻石的双晶少见。

图1—11 钻石的平行连生和晶面花纹

4.钻石的晶体变形现象

自然界中产出的钻石晶体,很少有完美的理想晶形,往往会产生变形现象。钻石的晶体变形是指钻石晶体常因同一单形的各个晶面发育程度不等,导致晶体生长成偏离对称晶体形态的歪晶。例如,最常见的钻石晶形是八面体,但是八面体完全规则的几何形状也非常少见,晶体往往沿某个结晶方向产生形变。

对于钻石而言,最常见的变形是沿二次轴或三次轴方向压扁或拉长(图1—12)。四面体钻石一直是一个颇有争议的问题,一些学者认为四面体是钻石的结构变体,但是真正意义上的四面体(图1—13)极其罕见。一般认为四面体钻石是八面体沿相互垂直的4个三次轴方向拉长,八面体中的4个面充分发育,而另外4个面缩小,趋近消失,形成类似四面体的几何外观。所以,钻石的四面体应该是钻石晶体变形的一个现象。

图1—12 钻石的歪晶　　　　图1—13 四面体钻石

二、钻石的晶体生长标志及表面特征

钻石的晶体生长标志及表面特征主要包括钻石的生长线、生长脊、凹蚀坑、双晶标志、生长台阶、圆滑曲面、钻石皮壳和氧化膜等,认识钻石的这些特征对于鉴定、评估钻石以及指导钻石加工都有重要的意义。

1. 生长线

钻石的晶面或内部常常可以见到一系列交叉或平行的与结构有关的条纹或线状生长现象,统称为生长线。生长线是钻石形成过程中晶面向外平行推移生长产生的痕迹。在八面体和菱形十二面体钻石的晶面上,常常可以见到三角形和平行的晶面条纹。钻石晶体内部的生长线在切磨加工之后,常常清晰可见,并作为净度特征之一为钻石的净度分级提供参考。

2. 生长脊

在菱形十二面体钻石的晶面上,沿菱形晶面较短对角线的方向常常发育一条脊状隆起线(图1-14),使菱形晶面形成两个具有一定交角的三角形面。作为一种生长现象,通常而言,生长脊的隆起不是很高,若生长脊特别发育,则形成典型的四六面体单型。

图1-14　菱形十二面体钻石晶面上的生长脊

3. 凹蚀坑

钻石在晶形形成后,晶面由于受溶解或熔蚀作用影响常常形成凹坑,它受晶体质点排列方式控制,故有一定的形状和方向,有时候凹蚀坑相互叠加。最常见的凹蚀坑是八面体晶面上的三角形凹坑,凹坑的三角形尖角指向八面体晶面的边(图1-15)。此外,在某些立方体钻石的晶面上有时也会见到四边形的凹蚀坑,凹坑的角指向立方体晶面的边,在三角薄片双晶上也有六边形凹坑现象。

图 1—15　八面体钻石晶体晶面上的三角凹坑

4. 双晶标志

钻石的双晶通常具有凹角,另外双晶的结合面在晶体表面上常常表现为"缝合线"。例如,钻石三角薄片双晶在结合面位置具有凹角和直的"缝合线",且常常形成具对称特点"鱼骨刺"状的生长纹,这种现象称为"青鱼骨刺纹",又称为"结节"(图 1—16)。

图 1—16　双晶"鱼骨刺"状的双晶纹

5. 生长台阶

在钻石的晶面上常常有一系列的平行堆叠的生长层,这是晶体在生长过程中,按层生长理论晶面向外平行推移的结果。生长层的厚度差别很大,有的很薄,在晶面上形成等高线一样的花纹,有的则很厚,形成厚厚的生长台阶。八面体钻石的晶面上三角形的生长台阶常常发育,台阶的边棱与钻石的八面体晶棱平行(图 1—17)。

图 1—17　钻石晶面上的三角形生长台阶

6.圆滑曲面

理想的钻石晶体是面平、棱直、角尖的形态。但事实上,在晶体形成之后往往由于溶解或熔蚀的原因,形成晶面呈曲面、晶棱呈曲线的曲面圆化的现象。钻石的溶解过程中,晶棱首先变得钝化弯曲,当晶棱溶解得比较厉害时,钻石的晶面也会圆化缩小形成曲面。此外,在钻石圆化的晶面上,还常常可以见到三角形凹蚀坑,这也是晶体溶解或熔蚀的现象。

7.钻石皮壳和氧化膜

有的钻石表面具有一层糖状的粗糙皮壳,皮壳厚薄不一,有的只是薄薄的一层,有的皮壳厚度则占到钻石的大部分。钻石皮壳由钻石微细杂质组成,与钻石内核的性质具有明显差异,某些皮壳钻石也可以达到宝石级。此外,自然界中的一些钻石常常因天然矿物或矿液中的放射性元素影响而在表面形成绿色皮壳,但是绿色常常仅保留在皮壳部分,皮壳切磨后钻石的内核往往并非绿色。

钻石的晶面通常具有较强的金刚光泽,但是某些砂矿钻石在搬运过程中常常由于氧化作用而形成暗淡、无光泽的氧化膜表面,氧化膜通过简单抛磨即可去除(图1-18)。

图1-18 钻石的圆滑晶面和氧化表面

三、钻石的集合体形态

钻石的集合体一般不作为宝石使用,多用作工业用途,通常可以分为粉粒金刚石、圆粒金刚石和黑金刚石3种。

1.粉粒金刚石(boart)

全晶质,直径不到1mm的粉粒级金刚石集合体。

2.圆粒金刚石(ballas)

由圆粒状金刚石颗粒集合而成,常为放射状条纹结构。

3. 黑金刚石(carbanado)

由微晶质或隐晶质金刚石颗粒集合形成的集合体,通常呈黑色或褐色,具有极高的硬度。

第三节 钻石的物理性质和化学性质

一、钻石的密度

钻石属于中等密度的矿物,密度约为 3.521g/cm³,由于其成分单一,所以密度比较稳定,但部分含较多杂质和包裹体的钻石密度略有变化。

二、钻石的力学性质

1. 钻石的硬度

钻石是自然界中最硬的矿物,其摩氏硬度为 10,具有极强的抵抗外来刻划、压入和研磨等机械作用的能力。摩氏硬度表示的是矿物或宝石的相对硬度,钻石的绝对硬度远远大于摩氏硬度计中的其他矿物,其绝对硬度大约是刚玉的 150 倍和石英的 1 000 倍。钻石的硬度特点主要取决于其晶体结构和化学键型,具有各向异性和对称性特点(图 1—19)。

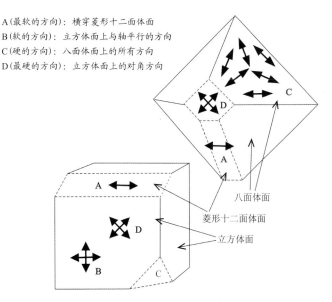

图 1—19 钻石中的差异硬度和晶体结构方向

立方体面上,平行于晶棱的 4 个方向硬度较小,沿立方体晶面对角线的 4 个方向硬度较大;菱形十二面体面上,沿菱形晶面较短对角线的两个方向硬度较小,沿其长对角线的两个方向硬度较大;八面体面上,沿垂直晶棱的 3 个方向硬度较小,平行钻石晶棱的 3 个方向硬度较大。利用钻石具有硬度差异性的特点可以对钻石进行切磨加工。

2. 钻石的解理

钻石在受到外力打击的时候,往往沿(111)方向形成 4 组中等解理。根据钻石的晶体结构可知,八面体(111)方向的网面密度最大,而面网间距也最大,所以当钻石受到打击的时候容易沿面网结合力小的方向产生解理(图 1-20)。成品钻石腰棱部位常常有"胡须"状现象(图 1-21)和小的三角形缺口,这主要是由于钻石的解理所致。

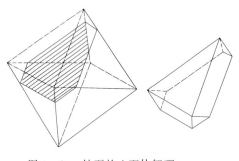
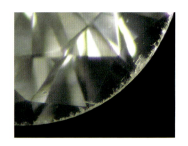

图 1-20　钻石的八面体解理　　　　　图 1-21　胡须状腰棱

3. 钻石的脆性与韧性

钻石虽然很硬,且抗压性好,但性脆,重击易碎。

三、钻石的光学性质

1. 颜色

根据钻石的颜色可以分为开普(cape)系列以及彩色系列。世界上 90% 以上的钻石属于开普系列,包括无色、浅黄、浅褐、浅灰等色调的钻石,其中最为普遍和常见的是带黄色色调的钻石,它主要是由于其中含有杂质元素 N,使得钻石对蓝光和紫光产生部分吸收而致。彩色钻石包括颜色比开普系列 Z 色还深的黄色钻石和除了黄、褐、灰以外其他颜色的钻石,如粉红色、红色、紫红色、蓝色、绿色等,常常是由于 N、B、H 等微量元素进入钻石晶格或者因塑性变形、放射性元素辐射等原因而产生的色心导致。能够使钻石产生颜色的原因很多,完全无色的钻石非常少。

(1) 开普系列和黄色钻石：纯净无结构缺陷的钻石是无色的，但是 N 作为 C 的类质同象替代元素常常存在于钻石的晶格内部。N 原子在钻石的内部以集合体形式出现时常常形成 N_3 中心，对 $400\sim425nm$ 区域的紫色光有显著的吸收作用，从而呈现黄色或带黄色色调。若 N 原子在钻石晶格内以孤氮形式存在，则对蓝、紫色光线具有明显吸收，从而形成浓郁鲜艳的黄色，Ⅰb 型钻石的颜色多由该种色心导致。

(2) 蓝色钻石：钻石中含有微量的 B 元素是蓝色钻石致色的主要原因。B 替代 C，其价电子吸收较长波段的红色可见光，从而形成迷人的蓝色。蓝色钻石多属于Ⅱb型，例如，著名的"希望之钻"即属此种类型。此外，据资料记载，阿盖尔曾发现不含硼的蓝色钻石，其蓝色成因据认为与钻石中所含的 H 元素有关。

(3) 粉红色钻石：晶体的塑性变形是粉红色钻石致色的主要原因。钻石晶体在各向异性压力作用下发生塑性变形，产生位错从而形成色心，对可见光进行选择性吸收，从而使钻石产生粉红色、紫红色或褐色。粉红色钻石往往颜色分布不均匀，常常有色带现象出现。

(4) 绿色钻石：绿色钻石的颜色往往只是分布在钻石的表皮位置，整体绿色的钻石极其罕见，其成因主要是由于受到放射性元素的辐射，形成空位—间隙原子对辐射损伤中心，吸收可见光从而致色。

2. 折射率和反射率

钻石具有高的折射率，但是对于不同波长的色光，钻石的折射率略有变化，通常以波长 589nm 的光线在钻石中的折射率 2.417 作为钻石折射率的参考值。

钻石属于等轴晶系，作为均质体其光学性质具有各向同性的特点，但是由于内部应力的作用，常常引起钻石的异常双折射现象。

钻石具有典型的金刚光泽。光泽是指宝石表面对光的反射能力。光泽的强弱通常以反射率来表示。反射率是指光垂直入射宝石或矿物时反射光强度与入射光强度的比率。钻石的反射率主要取决于其折射率大小，折射率越大则反射率越大，由于钻石具有高折射的性质，所以也具有强的光泽。

钻石的反射率（N）与折射率（RI）存在如下关系：

$$N = (RI-1)^2/(RI+1)^2$$

由于 $RI = 2.417$，计算可知，钻石的 $N = 17\%$。

3. 色散

当白光进入钻石并在钻石内部传播时，由于不同波长的光在钻石中的折射率不同，所以白光会被分解为一系列单色光，这种现象称为钻石的色散（图 1—

22)。钻石的色散值通常以 B 线(686.7nm)和 G 线(430.8nm)在钻石中的折射率差值表示,钻石具有高的色散值,约为 0.044。色散对于钻石具有非常重要的意义,高的色散值使钻石表面呈现出五颜六色的火彩,增添无限魅力。

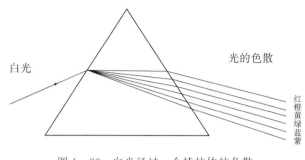

图1-22 白光经过一个棱柱体的色散

4. 光谱

Ⅰ型钻石紫外光的透过范围为 300~400nm。Ⅰa 型钻石中主要含有杂质元素 N,其中 N 主要以集合体形式出现,根据 N 的集合体形式,主要可以分为:A、B_1、B_2 和 N_3 等中心。A 中心在可见光区无吸收,红外区域具有特征的 1 280cm^{-1} 吸收峰;B_1 中心在红外光区 1 175cm^{-1} 有典型的吸收特征;B_2 中心在紫外光区 276nm、283nm 处有吸收,红外光区 1 360cm^{-1} 处有典型吸收;N_3 中心在可见光 415.5nm 处有典型吸收。Ⅰb 型钻石含有孤 N 中心,在紫外光区 270nm 处有吸收,红外光区 1 130cm^{-1} 处具有强的吸收峰。波长大于 220nm 的紫外光可以透过Ⅱ型钻石,Ⅱa 型钻石在紫外、可见光以及红外区域无明显吸收特征;Ⅱb 型钻石在 2 800cm^{-1} 有特征吸收。

5. 发光性

钻石在外在能量激发的情况下发出可见光的现象称为钻石的发光性。紫外线照射下,部分钻石呈现惰性,部分钻石却可以发出浅蓝色、蓝色、黄色、黄绿色、粉红色、橙红色、橙黄色的荧光,其中浅蓝色荧光最为常见。紫外线照射下钻石的荧光现象可以用来快速鉴定群镶钻石或仿钻首饰。在 X 射线和高能电子束的激发下,几乎所有钻石都可以发出蓝白色荧光。根据这种特性,X 射线通常被广泛利用于钻石的选矿工作。此外,高能电子束作用下钻石的发光现象可以用来研究其结构问题,例如利用阴极发光仪鉴定天然或合成钻石。钻石的发光性主要与钻石的晶体结构缺陷以及钻石中含有的 N、B 等杂质元素有关。

四、钻石的电学、热学和磁性性质

Ⅰa、Ⅱa、Ⅰb 型钻石是绝缘体,电阻率通常大于 $10^{18}Ω·m$,但是由于Ⅱb 型钻石含有具未成对电子的 B 元素,所以属于半导体,通常电阻率小于 $10^3 \sim 10^5 \Omega \cdot m$。辐射致色的蓝色钻石不是Ⅱb型,故可以通过测电阻率的方法进行鉴别。

钻石的热导率是所有矿物中最高的,在室温条件下,钻石的热导率比其他硬质材料如金属、半导体、绝缘材料等高出好几倍甚至几十倍。根据钻石具有高的导热性这一特点研制的钻石热导仪是进行真伪钻石鉴别的有力的辅助仪器。

钻石是非磁性矿物,但是Ⅰb型钻石具有微弱的顺磁性。此外,若钻石中含有磁铁矿等包裹体时,也常常具有一定磁性。

五、钻石的化学性质

钻石具有很强的化学稳定性,即使在高温条件下也不溶于氢氟酸、硝酸和王水等侵蚀性溶液。但是高温条件下,在硝酸钾、碳酸盐、铂族金属元素介质等作用下,常常发生化学反应或被溶解。在真空环境中,钻石的熔点约为 3 700℃,在空气中,850~1 000℃时钻石会燃烧变成 CO_2。钻石具有疏水亲油性,利用钻石亲合某些油溶混合液的性质,富选时可以从精矿中进行钻石回收。

第二章　钻石的 4C 分级

第一节　钻石的 4C 分级概述

钻石的品质通常从净度(clarity)、颜色(color)、切工(cut)和克拉质量(carat)4 个方面进行评价,这 4 个方面是影响钻石价值的主要因素,由于其英文单词首字母均为"C",所以简称为"钻石的 4C 分级"。钻石的 4C 分级是对钻石品质的综合概括和评价,反映了钻石的稀有程度和价值。

人类对钻石的认识和开发已经有了相当悠久的历史,但是由于钻石切磨技术发展缓慢,16 世纪以前主要是根据钻石晶体的完美程度和钻石的质量来评价钻石的品质,对钻石颜色和净度的价值影响考虑不多。18 世纪以后,巴西成为重要的钻石产出国,随着钻石资源的大量开采和钻石切磨技术的发展,钻石的切磨质量越来越受到重视,与此同时,钻石的净度和颜色特征也受到了更多关注,作为钻石品质评价的重要因素被给予更多考虑。

19 世纪南非钻石资源得以开采利用,世界钻石产量扶摇直上,钻石品质的评价标准也得到了进一步完善,并初步形成了 4C 概念。20 世纪 30 年代,美国珠宝学院(GIA)提出了钻石 4C 分级的规则,并于 50 年代对其进行修改,首次提出一套科学、完善的现代钻石分级标准。70 年代,欧洲对钻石 4C 分级的研究和标准的设立也作出了重要贡献。1963 年德国对钻石分级术语作了定义;1969 年欧洲最早的系统钻石分级标准 Scan.D.N.问世,促进了欧洲各国钻石分级标准的建立和改进;1970 年德国对钻石分级补充了切工分级的部分内容;1974 年 CIBJO 钻石分级标准出台。

钻石 4C 分级的体系是随着钻石贸易的发展而逐渐产生、发展和完善的,它确保了钻石市场沿着健康、稳健的道路发展,也极大地促进了钻石贸易的繁荣和钻石贸易的国际化进程。

一、克拉质量分级(carat)

钻石质量的国际计量单位是"克拉",英文为"carat",通常缩写为"ct",1ct=0.2g=100pt。

从首饰用途而言,钻石必须具备一定的体积和质量才能体现魅力无边的光学效果。小钻石由于其体积过小,无法表现其足够好的明亮度,所以常常采用群镶的工艺体现其集合效果。通常而言,0.30ct 以上的钻石才能够较好地体现钻石的明亮度,对于钻石的火彩效果,钻石的质量需达到 0.70ct 以上才能有较好展现。所以,克拉质量是钻石赖以展示美丽的光学效果的基础。

克拉质量同时也是钻石的价值基础,是一个与钻石稀有性相关的性质。全世界共有 6 500 个金伯利岩筒,其中有工业开采价值能够独立生产运作的只有 50 多个,约为 1%。钻石的矿产资源品位极低,以世界上品位最高的原生矿——澳大利亚的阿盖尔(Argyle)矿为例,矿石品位仅为 8ct/t,即平均每吨矿石含钻石仅为 8ct,而世界上排名前列的富砂矿纳米比亚的奥哈斯(Auhas)矿矿石品位仅为 4.4ct/t,与其他矿产资源相比,钻石的矿产资源品位实在是低得多。近几年来,全世界每年所开采矿石达数亿吨,而钻石的产出量却仅为 1.3×10^8 ct 左右,其中,达到宝石级的又仅占 20% 左右,另外 80% 是价值不高的工业钻石,并且自然产出的钻石通常都较小,超过 1ct 的钻石晶体往往只占总产量的一小部分。钻石在切磨过程中,正常损耗率为 50%~75%,即钻石的出成率仅为 25%~50%。钻石越大越是珍贵稀有,其价值也就越高。钻石的资源稀缺性、大颗粒钻石的较少产出和生产加工的低出成率决定了大的钻石必然具有昂贵的价值属性。

克拉质量是确定钻石价格的最基本尺度。钻石贸易中通常以"克拉"计价,钻石的价格=钻石的克拉质量×钻石的克拉价格。国际钻石报价时常常把钻石划分为不同的质量级别,对于净度、颜色、切工相同的钻石来说,同一质量级别的钻石具有相同的克拉价格,但是分属不同克拉质量级别的钻石的克拉价格往往相差甚远,特别是处于克拉质量级别临界点的钻石价格相差明显,尤其对于处于"克拉钻"临界点的钻石而言,价格就相差更大。例如,其他品质条件相同的情况下,通常 0.38~0.45ct 具有相同克拉价格,0.46~0.49ct 具有相同的克拉价格,但是 0.45ct 和 0.46ct 的钻石价格相差悬殊,0.99ct 和 1.00ct 的钻石相比较,体现的则是"克拉溢价"。单颗粒钻石越大,价格越高,一方面由于钻石质量递增,导致价格递增;另一方面也由于钻石质量递增还可能导致克拉价格递增。此外,克拉质量对钻石价格的影响也往往受其品级的影响,钻石的品级越高,克拉质量对钻石价格的影响越大。例如,将 0.49ct 以下和 0.50ct 以上的钻石比较,中下等级钻石的价格相差 10% 左右,H 色、SI_2 级的钻石价格相差 20% 以上,D 色、IF 级则价格相差 50%。

按照国际惯例,超过 100ct 的钻石称为巨钻,常常因为其举世瞩目的连城价值而载入世界名钻的史册。目前,随着机械化开采技术的广泛利用,尽管钻石的矿产开采能力不断攀升,但是机械的破坏作用使得大钻特别是超过 100ct 的"巨钻"却已经变得越来越稀有,其价值也变得越来越高。

二、净度分级(clarity)

自然生长条件下,钻石常常会形成许多生长特征,例如,原晶面、凹坑和生长纹等生长现象。钻石晶体中还常常包含有多种矿物质内含物,称为钻石的"包裹体"。据研究,钻石包裹体中所包含的矿物种类近 20 种。此外,在地质作用影响下以及矿产开采、生产加工过程中,钻石也常常形成对其纯净程度具有一定影响的特征,例如,裂隙、缺口和抛光纹等。钻石切磨加工为成品钻石后,保留下的所有特征成为钻石净度分级的依据,称为"净度特征"。根据净度特征所处的位置,通常又分为外部特征和内部特征两种。净度分级就是在 10 倍放大观察的情况下根据钻石内部和外部的净度特征对其纯净程度进行描述。

长期以来,净度并未作为钻石品级的评价因素而被加以考虑,根据颜色外观,钻石中的内含物通常只是被区分为深色内含物和浅色内含物,包含在钻石中的深色内含物统称为"碳",浅色内含物统称为"雪",无系统的净度分级体系。19 世纪末期,随着南非钻石原生矿的大量开采,形成了现代钻石分级概念的雏形。那时钻石通常被分为两类:一类是较稀有的"纯净"或"干净"的钻石;另一类是具有"瑕疵"(pique,源于法语)的不够纯净的钻石。20 世纪初,新术语"镜下无瑕"(loupe clean)开始取代"纯净",低倍放大镜下看不到瑕疵的钻石统称为"镜下无瑕",此外,统统归入"瑕疵"级。20 世纪 30 年代,美国珠宝学院最早提出了系统的钻石分级方案,其中对于净度级别划分如下:

(1) flawless(FL)——无瑕;

(2) very, very slightly imperfect(VVSI)——极微瑕;

(3) very slightly imperfect(VSI)——微瑕;

(4) slightly imperfect(SI)——小瑕;

(5) imperfect(I)——有瑕。

20 世纪 60 年代以后,欧洲的钻石分级也有了较大的发展,制定了钻石分级方案和定名标准,例如,具有代表性的 CIBJO 钻石手册规定净度分级如下:

(1) loupe clean(LC)——镜下无瑕;

(2) very, very small inclusion(VVS)——极微瑕;

(3) very small inclusion(VS)——微瑕;

(4) small inclusion(SI)——小瑕;

(5) pique(P)——有瑕。

比较可知,两种净度分级标准大体一致,但是与 GIA 钻石净度分级术语不同的是,欧洲的净度分级标准使用"内含物"(inclusion)取代 GIA 术语中的"瑕疵"(imperfect),这主要是由于"瑕疵"(imperfect)是一个贬义词,包含有"钻石中的瑕疵、缺陷"的意义;"内含物"(inclusion)是一个中性词,反映的是钻石包裹体、羽状裂隙、生长结构等自然形成的特征,对于高净度级别的钻石而言,未必是影响钻石美观的瑕疵。后来,GIA 也接受了这一观点,修改了净度分级的术语,把中高净度级别的"瑕疵"一词改为"内含物",但是对低净度级别仍保留原有的术语——"瑕疵"。除了包含在钻石内部的内含物之外,钻石表面的一些现象——例如原晶面、凹坑、生长纹等也常作为净度评价的要素,早期这些现象被称为表面缺陷,GIA 使用"缺陷"(blemish)来描述这些现象。由于这些用语都带有贬义,所以也被修改成为"外部特征"(external characteristic),与之相应,"内部特征"(internal characteristic)也常用以代替与之具有相同含义的"内含物"一词。

通常而言,净度级别低的钻石,例如,SI 级别以下的钻石,其内部或外部的瑕疵将影响钻石的美观程度甚至耐久性;但是净度级别较高的钻石,例如,VS 级别以上的钻石,其内部或外部的净度特征微乎其微,不但不会影响钻石的牢固程度,甚至对于钻石的美观程度也无任何实际影响。高级别净度的等级判断,更大意义上是为了体现钻石的稀有程度。

三、颜色分级(color)

通常而言,钻石 4C 分级中的颜色评价仅仅适用于开普系列钻石,开普系列钻石中体色为灰、黄、褐色调的钻石占绝大多数,无色透明的钻石则珍稀少见,所以更为世人喜爱。低色级或具有杂色调的钻石容易察觉判断,并且这种颜色特征在一定程度上影响钻石的美观。但是色级较高的钻石必须由专业分级人员在特定的实验室条件下通过比色操作才能确定,所以颜色是对钻石价值具有较大影响的真正原因,更大程度上体现的也是高、低色级钻石的稀有性差别。

钻石的颜色评价最早可以追溯到古印度时代,古印度人把钻石颜色分为 4 类,分别借用当时 4 个种姓的名称来表示。无色钻石称为"婆罗门",浅红色钻石称为"刹帝利",浅绿色称为"吠舍",灰色称为"首陀罗"。

19 世纪中期,巴西成为世界钻石的主要产出国,钻石的颜色通常以 Golcondo、Bagagem、Canavievas、Diamatinas 和 Bahias 等矿山的名字来表示,其中除了代表最优颜色的 Golcondo 是古印度重要的钻石矿山名称外,其余全部是巴西矿山的名称。

19 世纪末期,随着南非钻石资源的大量开采,南非的钻石产量远远超过了巴西,色级的术语也发生了改变。20 世纪 30 年代,形成了流行于钻石贸易中的国际性术语,称为"旧术语"(old terms),例如,Jager、River、Top Wesselton、Top Crystal、Crystal、Top Cape 和 Cape 等。旧术语主要以南非著名的钻石矿命名,适用于从无色到浅黄的"开普系列"。旧术语基本奠定了现代钻石颜色分级从无色到浅黄色的排列顺序,但是每一个术语本身并不包含颜色深浅的含义,也没有任何权威机构用任何参照物确定相邻等级之间的界限和定义。

20世纪30年代,美国宝石学院提出了一套字母术语,把钻石的颜色从无色到浅黄色划分成了23个等级,用英文字母D→Z给予表示。由于二战后美国成为世界上最主要的钻石消费国,也正是美国宝石学院的努力推广,这种简便明确的颜色分级表示方法为钻石业界广泛接受。

钻石的颜色分级方面,诸如CIBJO、Scan.D.N.等欧洲钻石分级机构多采用描述性语言表示,例如,exceptional white、rare white、white、slightly tinted white、tinted white、tinted colour等。

彩色钻石作为特殊的群体历来受到追捧和喜爱。对于彩色钻石系列的颜色评价有另外一套特殊方法,彩色钻石的价值往往由其颜色的色调、明度和饱和度所决定。

四、切工分级(cut)

钻石是大自然馈赠给人类的宝贵财富,历来的达官豪富、帝王将相将其追捧珍藏,但是,作为珍稀难得的宝石,钻石又必须经过人类工艺的雕琢才能充分体现其价值和美丽的效果,正是人类的双手赋予了钻石更为深邃的灵韵,所以,钻石是自然资源——"材"和人类优秀加工——"艺"两者完美结合的产物。

钻石的切工评价涉及钻石琢型、刻面分布、刻面大小及相对比例、角度、对称程度、抛光等众多细节,是钻石4C分级中最为繁杂的部分。其中,圆明亮型(round brilliant cut)是最为常见的钻石款式,也是切工评价的最主要对象。明亮型圆钻的比例由M. Tolkowsky于1919年首次提出,称为"托尔科夫斯基标准工",至今仍然是GIA评价钻石切工比例的标准。此后,不断有人对明亮型圆钻的比例进行局部修订。异型钻的款式多样,不仅不同款式之间存在差异,即使同一种款式也常常很难确定出一套普遍适用的比例标准,所以,异型钻的切工评价不如明亮型圆钻严格。此外,切磨师根据原石的形状,将钻石切磨成动物、植物和人物等形状,这类奇异型钻石的切工评价也不能用传统的评价概念。

钻石的切工评价是对成品钻石的切工特点和切工品质的综合概括,也是对钻石加工水平的最终检验。质量、净度和颜色3个评价要素更大程度上是着眼于钻石的先天材质,而切工评价更大程度上是对钻石的加工工艺和最终效果的评判。当然,钻石的切工特点是无法与钻石的其他品质特点脱离的,因为钻石加工质量除了与工艺水平有关,还必须根据钻石原石的品质进行设计、切磨,它应该是对钻石品质的所有评价要素进行综合考虑,以便最大程度地体现成品钻石的最终价值。

钻石的评价体系和分级标准是随着钻石资源的开采和贸易的发展逐渐产

生、发展并得以完善的,它大大促进了钻石贸易的国际化、规范化。它的意义不仅在于能够增强普通购买者的信心,更主要的是可以保证交易过程中钻石品质和钻石价值不会脱离,有利于钻石市场沿循健康、有序的道路持续发展。全球钻石业近百年来能够持续稳定发展,钻石分级标准的推广与应用起了相当大的作用。

第二节 钻石分级的常用仪器和工具

一、10倍放大镜

10倍放大镜是钻石分级最为常用也是最为重要的工具,往往是由数片透镜组成。

宝石检测和钻石分级中使用的放大镜通常为"三合镜",即放大镜由3片透镜组成,用以消除像差和色差。利用放大镜观察物体时,如果同一观察平面上的各点无法同时聚焦,则产生物像畸变,这种现象称为"像差",通常而言,放大镜中心视域的像差要小于边缘位置的像差。若放大镜不能把不同波长的光线聚焦在同一平面上,物像边缘则容易产生色散效应,形成"色差"。宝石检测和钻石分级中使用的放大镜必须消除像差和色差影响。为了消除像差和色差,通常对放大镜的结构进行改造,把两片铅玻璃制作的凹凸透镜和一片无铅玻璃制作的双凸透镜夹持粘合在一起,称为"三合镜",这种放大镜无色差和像差。

放大镜质量可以通过观察1mm×1mm规格的正方形格子来进行检验,若方格子物像不发生畸变且周边无色差现象则其质量合格。此外,钻石分级尤其是用于辅助比色的放大镜外壳应该是黑色、白色、灰色等中性颜色(图2-1),以免对比色的精确性产生影响。

放大镜的使用,应注意以下问题:

(1)放大镜的工作距离取决于放大镜的倍数,可以采用以下公式进行计算:
工作距离 = 清晰影像的最小距离(正常视力为25cm)/放大倍数

图2-1 各式放大镜

因此,10倍放大镜的工作距离是2.5cm。使用放大镜的正确姿势是一手持放大镜,一手用镊子夹住钻石,放大镜靠近眼睛,距离约为2.5cm,样品靠近放大镜,距离也大约为2.5cm。

(2)使用放大镜时,双肘自然下垂支撑桌面,身体保持稳定,持放大镜和镊子的双手相抵靠,保持放大镜和钻石样品的稳定性。根据观察要求和效果,略微调整钻石和放大镜的位置,使观察点处于准焦位置,从而形成清晰的观察图像。

(3)观察钻石时,保持双目自然张开状态,避免单目观察,防止眼睛疲劳。

二、镊子

镊子也是钻石分级的重要工具,用以夹持及取放钻石。钻石分级的镊子长度通常为16~18cm,通常由镀锌淬火的不锈钢制成,柔软而有弹性(图2-2)。镊子的尖端有横向或纵横交错的防滑齿,防滑齿有宽(broad,BR)、中等(medium,M)、窄(fine,F)、特窄(extra fine,XF)4种规格,适用于从大到小以及碎钻等不同规格的钻石。有些镊子的尖端还有一条平行镊子的凹槽或滑块式的锁扣装置。防滑齿、凹槽和锁扣的作用是易于夹持钻石,防止工作时钻石脱落。

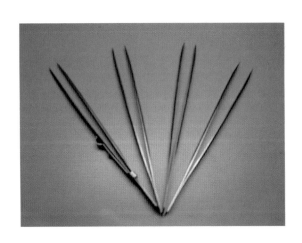

图2-2 各种型号的镊子

夹持钻石通常有以下几种方式(图2-3):

1. 平行腰棱夹持

把钻石台面向下放置在干净的工作台上,手臂平行于工作台,掌心向下或向上掌握镊子,平行腰棱夹持钻石,镊子与钻石腰棱夹点为钻石的直径。这是最常用的一种夹持方式,通常用以观察台面、冠部以及亭部的净度特征和切工比例。

夹持钻石的台面和底尖是最稳固的一种钻石夹持方法,但是这种方法特别容易使钻石的底尖发生破损,从而对钻石的净度产生负面影响,因而不提倡使用。

2. 垂直腰棱夹持

钻石台面向下放置于工作台,手臂垂直工作台,镊子垂直腰棱平面夹持,翻转手臂从钻石侧面进行观察。这种方法通常用于观察钻石的腰棱、估算冠角或自侧面观察其净度特征。垂直夹持钻石应注意用力大小适宜,腰棱夹点应为钻石腰棱直径位置,防止钻石滑落或崩飞。

3. 倾斜夹持

夹持钻石的镊子与钻石的腰棱平面倾斜相交,这种方法主要是通过钻石的冠部刻面或亭部刻面观察其净度特征。这种方法的优点是能够使视线垂直冠部或亭部刻面,消除表面反光的影响;缺点是夹持的难度很大,钻石容易滑落或崩飞。

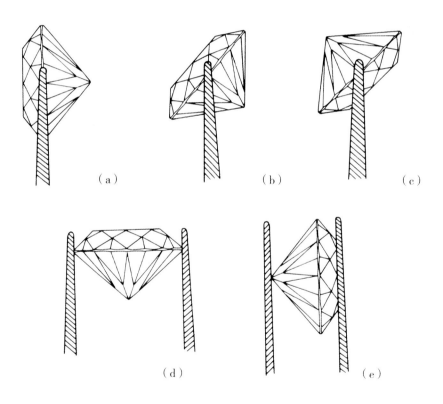

(a)、(e)平行腰棱夹持;(b)、(c)倾斜夹持;(d)垂直腰棱夹持

图2-3 钻石夹持的3种方式

夹持钻石观察净度特征或切工时应该注意镊子对光线的影响，避免镊子过多遮挡钻石。另外，镊子在钻石内部往往产生影像，初学者应注意区别镊子影像与钻石内部包裹体。放大镜和镊子往往配合使用，正确使用放大镜和镊子体现了一个钻石分级工作者的基本素质和能力（图2-4）。

图2-4　放大镜和镊子的配合使用

三、钻石灯

光源对于钻石的颜色分级具有非常重要的影响，不同的光照条件下，钻石的色调不同。历史上曾采用紫外线弱的散射日光作为钻石颜色分级的光源，业界曾经认为上午九、十点钟北半球朝北和南半球朝南的窗户透射的日光最适于钻石颜色分级。但是，自然界的日光条件常受到时间、地点、天气、季节等因素的影响，这种不稳定特征影响了钻石颜色分级的可靠性。为了克服日光的缺点，常常采用模拟散射日光的人工光源作为颜色分级的标准光源，钻石比色的人工光源通常是无紫外射线、色温为5 000~6 500K的荧光灯。我国钻石分级国家标准规定，比色灯色温范围为5 500~7 200K。颜色分级的光源不能含有紫外线，因为紫外线常常能够激发钻石发出荧光，这将影响颜色分级的准确性。色温对颜色分级的影响并不是重要的因素，不同钻石分级标准所采用光源的色温略有不同。

钻石灯有不同的类型（图2-5）。某些钻石灯专门用作比色，不用于净度和切工观察，例如GIA的钻石灯。GIA钻石灯顶部安装有3根灯管，其中两根为8W的荧光灯，一根是波长为365nm的长波紫外光管，分别有两个开关控制，可以同时用于钻石比色和钻石荧光强度检测。某些多用途钻石灯也常用于净度、切工分级。这种钻石灯比专用比色灯简单,通常是由 2～4 根 15W 荧光灯管组合而成的台灯,灯臂常设计为拉杆式或可调型,光源方位和光线照射方向一定限度内可以自由调节,从而能够更好地适应工作要求。这种类型的钻石灯也往往装配有长波紫外灯,用于检查荧光。

多用途钻石灯

GIA 比色灯

图 2—5　各种类型的钻石灯

钻石灯的外观颜色应该设计为中性灰色,以免对钻石颜色分级的准确性产生影响。钻石比色灯箱的基本功能与钻石灯一致,实际上是一种较大的钻石灯,比色灯箱更有利于降低颜色的失真度。

四、电子天平

钻石的称量用具主要是天平,主要可以分为机械天平和电子天平两类。机械天平的精度可以达到 0.001ct,但是由于其操作复杂,所以现在基本不再使用。

电子天平(图 2—6)具有精确度高、操作简便的优点。目前电子天平的最高精确度可以达到 10^{-8} g,而钻石质量分级精确度要求为 0.000 1g(GB/T 16554—2010)。电子天平采用电磁力称盘复位,无弹性疲劳误差,不会因使用寿命影响其精确度。电子天平读数多采用液晶显示技术,多种计量单位可以快速转换,无须加减砝码和运算,读数稳定可靠;采用内置标准砝码,能够方便快捷的自动校准归零。此外,电子天平还常常可以与打印机、计算机等设备联机工作。所以钻石称重目前主要是利用电子天平。钻石称重时,电子天平应放置在水平位置,并且注意避免不稳定气流的影响。

电子天平虽然具有以上优点,但是也具有不方便携带的缺点,所以日常贸易中也常常使用便携式电子秤。便携式电子秤(图2-7)通常与计算器大小相仿,便于携带,但是其精度要较电子天平低一些,通常是 0.001~0.01ct。

图2-6 梅特勒电子天平

图2-7 便携式电子秤

五、比色石

比色石是用于钻石颜色分级的一系列参照标样,每颗比色石标明的是两个相邻色级的界限,每个色级都涵盖着某一颜色范围。

CIBJO 于 1977 年制定了世界上第一套比色石,这套比色石共有 7 颗样品,每颗样品质量均为 1ct 以上,颜色自 EW^+(D)至 TW(M—R),分别代表各色级的下限。目前,这套标样保存在 HRD 的证书部。

作为比色石的标样,必须达到以下要求:

(1)比色石必须属于开普系列,而且不得带有除黄以外的其他色调;

(2)比色石的净度等级不低于 VS_1,不能含有具有颜色或影响钻石体色的内含物;

(3)比色石的琢型必须是切工比例良好的圆明亮型,其切工比例和修饰度不能低于"中等",其腰棱应该是打磨腰棱,不能是刻面腰棱或抛光腰棱;

(4)比色石质量不应低于 0.30ct,同一套比色石要大小均等,质量差异不能超过 0.05ct;

(5)比色石的荧光强度应该为"弱"或"无"。

合格的比色石是由世界权威的钻石分级机构,如 GIA、HRD 等,根据其比色石的原始标样严格审核挑选出来的。但必须注意的是,不同机构出具的比色石其代表的色级位置不同,最典型的代表是 GIA 和 CIBJO。GIA 的每颗比色石均代表每一色级的上限,比色石从 E 色开始;CIBJO 规定每颗比色石均代表每一色级的下限,比色石从 EW^+(D)开始。也即是说,与 GIA 第一颗比色石颜色相等的钻石应该属于 E 色;而与 CIBJO 第一颗比色石颜色相等的钻石应该属于 D 色(图 2—8)。我国的钻石分级标准采用与 CIBJO 相同的规则,即比色石位于色级的下限。

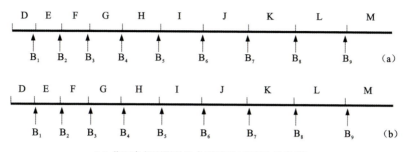

(a) 位于色级下限的比色石系列(CIBJO 比色石);
(b) 位于色级上限的比色石系列(GIA 比色石)
图 2—8 比色石在色级中的位置示意图

不同分级机构对比色石的数量要求不同,我国国标规定钻石颜色共分 12 级,所以应该有 11 颗比色石。但是,由于比色石的价格昂贵,实际工作中,比色石的数量也常常根据工作需要进行调整或简化。利用这种简化的比色石进行颜色分级,实际准确性由此而降低(图 2—9)。

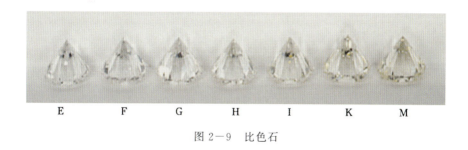

图 2—9 比色石

比色石的大小也是影响颜色分级的一个重要方面。CIBJO 和 IDC 标准建议使用 0.70ct 大小的钻石作为比色石。理论上,颜色分级应选用与待分级样品大小相等或接近的比色石,这样颜色分级的准确性才比较高。但是实际工作中,很难做到这一点,通常而言,参照一定大小比色石进行颜色分级的钻石样品的大小,可以是一个较大的范围。例如,1ct 以下的钻石,可以使用 0.30~0.40ct 大小的比色石;0.70ct 的比色石可以适用于 3ct 以下的钻石。此外,比色石必须使用钻石,不能用其他仿钻材料代替,例如立方氧化锆。

六、钻石比例仪

钻石比例仪(图2-10)与实物投影幻灯机的原理相同,采用放大投影的方法,把夹在弓型钻石夹里的钻石的倒影投射在一个印有圆明亮型钻石侧面图的亚光屏幕上,根据屏幕上的参数测量钻石的切工比例。

图2-10 钻石比例仪

通常,钻石比例仪进行切工分级所参照的标准工有两种:一种为GIA提倡的托尔科夫斯基标准工;一种为欧洲遵从的Scan.D.N标准工。钻石比例仪对于两种切工又分别设定了大小两种规格,分别适用于1.25ct和8ct以下的钻石。所以,钻石比例仪一般具有4张标示有不同标准工或不同规格的屏幕。钻石投影的大小可以根据实际要求进行调整,比例仪屏幕可以向不同方位作小幅度挪动,使钻石投影与屏幕上的比例图重合。

钻石比例仪只能对圆明亮型钻石的切工比例进行测量,可以测量钻石的台宽比、腰厚比、冠高比、冠角大小、亭深比、全深比等。此外,还可以利用比例仪观察钻石的某些对称性特点及偏离程度,例如,钻石是否具有台面倾斜、腰棱圆度偏差以及台偏或底偏等缺陷。

七、宝石显微镜

宝石显微镜(图2-11)通常具有体视和无级变焦的特点,可以对钻石的内部和外部特征进行观察。与10倍放大镜相比,显微镜的放大能力更大,放大倍数至少可以达到几十倍,可以观察到钻石内部非常小的内含物。显微镜的景深较大,同样放大倍数分辨能力更好,观察更舒适。显微镜通常配有不同的照明方式,分别适用于钻石内部特征和外部特征的观察。利用暗域照明的方式,光线从钻石的底部或侧面透入,能够减少表面反光对视觉的影响,使钻石的主体和内含物产生较大的反差,容易找到内部特征。利用顶部照明的方式,可以对钻石的表面进行细致的观察,有利于发现外部特征。

图2-11 宝石显微镜

用于钻石分级的宝石显微镜通常配备有专用的样品夹,最普通的为钳式样品夹。国外某些显微镜上常配有某些功能较完善的样品夹,例如,potteratmaster能够通过操作手动转轮调整钻石的观察方向,具有方便快捷安全的优点。此外,还有某些显微镜样品夹上配有真空泵,能够吸附钻石在样品夹上。

除了应用于净度分级,显微镜也常常可以应用于钻石研究的其他领域。配合比色槽,显微镜可以用于颜色分级;配合具有细刻度标尺的目镜,显微镜可以用来测量内含物的大小和标准圆钻的切工比例。在钻石的加工设计方面,镜柱上安装游标卡尺,通过观察测量内含物的视觉深度可以推算内含物的真实位置和实际深度,指导加工设计;显微镜上添加偏光镜,可以观察钻石的异常消光位,加工时综合考虑内应力所在的位置,防止钻石在加工过程中发生意外破裂。鉴定天然钻石、合成钻石和仿钻时,可以通过显微镜放大观察样品的内部和外部特征,并根据观察现象作出判断。

此外,显微镜还常常与计算机和照相机等设备联机使用,有利于信息处理,为科研、鉴定等工作提供了更便利的条件。显微镜唯一的不足是体积较大,不易于携带,另外具体操作也不如放大镜灵活。

八、卡尺

卡尺通常用来测量钻石的全深和腰棱直径。利用卡尺测量钻石的腰棱直径时,由于钻石腰棱具有一定的偏圆度,所以通常要对几个方向上的腰棱直径进行测量,记录最大值和最小值范围。

卡尺通常可以分为机械卡尺和数显卡尺两类(图2-12,图2-13)。机械卡尺有游标卡尺、螺旋测微器(千分尺)、摩尔卡尺和百分表式卡尺等不同形式,其精度通常可以达到0.01~0.1mm,机械卡尺需要根据刻度读数。数显卡尺具有小的液晶显示屏,能够直接显示测量数据,精度较高,较机械卡尺方便准确。

图2-12 摩尔卡尺

图2-13 数显卡尺

利用卡尺测量毛坯或半成品钻石的尺寸规格,可以测算成品钻石的尺寸和质量,指导钻石设计和加工。利用卡尺测量成品钻石的大小,可以估算钻石的质量；或者根据钻石的质量和钻石尺寸规格的测量数据，可以判断钻石切工的优劣。

九、比色卡片和比色板

钻石的简易比色常常利用比色卡片和比色板进行图（图 2-14）。比色卡片和比色板是用来做比色容器和背景的用具。

比色卡片通常是 280g 以上、白度为 98%～100%，且无荧光的卡片。比色卡片具有不同规格，卡片纸上常有折痕线，可以根据折痕线把卡片纸折成 V 型槽，比色时可以把比色石和样品并列在槽逢中进行比较。

比色板是白色无荧光的塑料板，上面有大小及角度不同的 V 型槽。应该经常利用酒精或洗涤剂擦洗比色板，保持其清洁无污；另外，也要注意随着使用时间的推移，比色板是否仍然保持纯白颜色。

图 2-14　比色卡片和比色板

第三节　国际主要的钻石机构及其分级体系

美国宝石学院（GIA）是世界上第一个提出钻石 4C 分级标准的机构，包括丹麦、芬兰、挪威和瑞典 4 个国家的斯堪的纳维亚钻石委员会（Scan.D.N）第一个在欧洲推出了系统的钻石分级标准。随后的数十年中，国际珠宝联盟（CIBJO）、国际钻石委员会（IDC）、比利时钻石高层议会（HRD）和比利时国际宝石学院（IGI）等钻石机构也在钻石分级标准的建设、完善和推广等方面作出了重要的贡献。与美国宝石学院（GIA）一样，它们也都是国际上具有较高知名度的钻石机构，其推行的钻石分级标准在国际上也具有相当的影响力。我国于 1996 年由国家技术技术监督局颁布了第一个钻石分级标准，并于 2003 年和 2010 年对以上标准进行了两次修订。目前我国最新的钻石分级标准是 2010 年 9 月发布，并于 2011 年 2 月实施。这些钻石分级标准大同小异，都是以 4C 为基础，在基本内容和概念上非常接近。

一、国际珠宝联盟(CIBJO)

CIBJO 是法文的缩写,通常译为"国际珠宝联盟",它是一个国际性组织,总部现在设于瑞士。CIBJO 的前身是一个名为 BIBOAH 的欧洲团体,该团体成立于 19 世纪 20 年代早期。1961 年 10 月,由 10 个成员国参加的全体会议决定更名为 CIBJO,并通过了新的章程,将其工作范围扩大到欧洲以外。1976 年 CIBJO 的成员国扩充到 13 个,包括奥地利、比利时、英国、丹麦、法国、芬兰、德国、荷兰、意大利、挪威、西班牙、瑞士和瑞典。目前,CIBJO 已经拥有了 20 多个成员国,其中包括美国、墨西哥和加拿大等美洲国家。CIBJO 由 4 个独立委员会和钻石、宝石、珍珠 3 个专业委员会组成,其中的钻石专业委员会成立于 1971 年。1974 年钻石专业委员会制定了《钻石贸易规则》——"钻石手册",提出了钻石分级的术语和标准。此后数十年,钻石专业委员会不断完善并修订钻石手册。

CIBJO 钻石分级标准建立之初,欧洲的色级标准与 GIA 色级不同,1979 年 CIBJO 钻石专业委员会对"钻石手册"作了重要修改,修改后 CIBJO 钻石颜色分级界限与 GIA 色级的界限一致。欧洲的色级标准使用描述性术语,颜色等级划分如下:

(1) exceptional white$^+$ (EW$^+$)、exceptional white(EW);

(2) rare white$^+$ (RW$^+$)、rare white(RW);

(3) white(W);

(4) slightly tinted white(STW);

(5) tinted white(TW);

(6) tinted colour 1、tinted colour 2、tinted colour 3 (TC1、TC2、TC3);

(7) fancy colour。

需要注意的是,CIBJO 对于 0.47ct 以下的钻石不细分 EW$^+$ 和 RW$^+$。

对于净度分级,CIBJO 钻石分级标准规定:钻石的净度是由专业人员在标准光源下,利用消色差和消像差的 10 倍放大镜进行观察,根据内部特征的可视情况划分为 LC、VVS(VVS$_1$、VVS$_2$)、VS(VS$_1$、VS$_2$)、SI(SI$_1$、SI$_2$)、P$_1$、P$_2$、P$_3$ 等级别。此外,CIBJO 分级标准规定,只有对于 0.47ct 及 0.47ct 以上的钻石,VVS、VS、SI 3 个等级才进一步细分为两个副级;细小的外部特征不影响钻石的净度,但是严重的外部特征在净度分级时必须予以考虑。

在钻石切工方面,CIBJO 钻石分级标准对于切工比例一般不作评价,通常只是要求注明全高和台面大小百分比即可,特别差的比例,例如"鱼眼石",则需要在备注中说明。修饰度方面对抛光和对称性两个内容进行评价,评价术语为 very good(VG)、good(G)、medium(M) 和 poor(P)。

二、国际钻石委员会(IDC)

IDC 的英文全称为"International Diamond Council",译为"国际钻石委员会",它的前身是世界钻石交易所联合委员会(WFDB)和国际钻石制造厂商协会(IDMA)于 1975 年组建的一个联合委员会,1979 年改用现在的名称。IDC 的机构目标是为钻石商贸制定一个国际上普遍适用的钻石品质评价的统一标准,并且在世界范围内推行该标准。在 CIBJO 的参与下,IDC 与比利时钻石高层议会(HRD)合作,于 1979 年拟订了"国际钻石分级规则",该标准的内容与 CIBJO 的"钻石手册"基本一致。与其他钻石分级标准最大不同的是 IDC 执行定量化标准"$5\mu m$ 原则",即根据钻石内是否包含有大于 $5\mu m$ 的内含物来界定 LC 级和 VVS 级。

在颜色分级方面,IDC 规则与 CIBJO 规则完全相同,均采用描述性词汇,二者的颜色分级术语和颜色分级界限完全一致。

在净度分级方面,IDC 在综合考虑内部特征和外部特征的情况下,将钻石分为 10 个净度等级:LC、VVS(VVS_1、VVS_2)、VS(VS_1、VS_2)、SI(SI_1、SI_2)、P_1、P_2、P_3 等级别。其中,LC 和 VVS 级别以是否包含有 $5\mu m$ 的内含物作为判断的标准。此外,与 CIBJO 标准不同的是,除 LC 级以外,IDC 标准考虑外部特征对 VVS 及以下级别的影响。对于 LC 级的钻石,其外部特征通常不作为影响其净度级别的因素加以考虑,通常只是在备注中进行描述或加以说明。对于 LC 以下级别的钻石,外部特征将影响并可能降低钻石的净度级别,例如,根据内部特征确定为 VVS 级的钻石也可能因为外部特征的影响降级为 VS 级或 SI 级,但是外部特征对净度级别的影响通常不是定为 P 级的理由。

IDC 标准对钻石切工质量的评价包括切工比例和修饰度两个方面,并于 2009 年后做出了最新调整。IDC 标准原切工比例共分为 very good、good 和 unusual 3 种情况,钻石切工比例综合评价级别以钻石切工比例中所属的最低级别为准;原钻石修饰度的评价只包括对称性内容,共分为 very good、good、medium 和 medium to poor 4 个等级,至于钻石加工过程中产生的抛光纹或者灼痕则归入外部特征在净度分级时予以考虑。2009 年之后,IDC 开始执行新的钻石标准。新标准规定,修饰度评价除了对称性指标外,抛光质量也成为评价内容之一,并且在切工评价 3 项指标的术语方面增加"excellent"作为最高级别。

三、美国宝石学院(GIA)

美国珠宝学院(GIA)是第一个专门从事宝石学研究的高等学府。GIA 是 Gemological Institute of America 的缩写形式,它由罗伯特·希伯利先生创建于 1931 年,是国际上声誉颇隆的珠宝鉴定、科研和教育机构,其分校遍布世界各地。

GIA 在钻石分级领域作出了重要贡献,20 世纪 30 年代首次系统提出了钻石 4C 分级的规则,在这一规则中 GIA 采用利用地名对钻石颜色进行分级的"旧术语"。20 世纪 50 年代,GIA 对原有术语和色级划分进行了修改,采用字母形式表示钻石颜色级别,从 D 到 Z 表示颜色由浅到深,共分 23 个色级(表 2-1)。与欧洲钻石机构的描述性色级术语相比,GIA 以字母形式的色级术语具有简练易记的优点。

表 2-1 钻石颜色分级评价术语及标准比较

钻石颜色等级		
IDC(HRD)-CIBJO	GIA	颜色分级旧术语
exceptional white+(极白+)	D	jager
exceptional white(极白)	E	river
rare white+(优白+)	F	
rare white(优白)	G	top wesselton
white(白)	H	wesselton
wlightly tinted white(微黄白)	I-J	top crystal-crystal
tinted white(浅黄白)	K-L	top cape
tinted colour(浅黄)	M-Z	cape to yellow

在净度分级方面,GIA 强调内部特征和外部特征两个方面对钻石净度的影响,外部特征对于高净度等级的钻石影响最大。根据内部特征和外部特征,钻石净度共划分为 11 个等级:FL、IF、VVS(VVS$_1$、VVS$_2$)、VS(VS$_1$、VS$_2$)、SI(SI$_1$、SI$_2$)、I$_1$、I$_2$、I$_3$。FL 级别是指 10 倍放大观察的情况下钻石无任何内部或外部的特征;IF 级别 10 倍放大观察情况下钻石无内部特征但是有损失微小质量就可以磨除的细微外部特征。

钻石切工评价方面,GIA 以 Tolkowsky 圆钻为标准切工,依据钻石的切工比例和修饰度两个方面对钻石的切工质量等级进行评价,其中修饰度包括抛光质量和对称性两个方面。评价述语包括 very good、good、medium 和 poor,共分为 4 个级别。目前,市场上消费者所推崇附"3EX"GIA 证书的钻石即指切工质量等级评价、对称性和抛光质量均为"excellent"的钻石(表 2-2)。

表 2－2　GIA 切工比例评价标准

等级	excellent	very good	good	fair	poor
全深比(%)	57.5～63.0	56.0～64.5	53.0～66.5	51.0～70.9	<51.0 或 >70.9
台宽比(%)	52～62	50～66	47～69	44～72	<44 或 >72
冠角(°)	31.5～36.5	26.5～38.5	22.0～40.0	20.0～41.5	<20.0 或 >41.5
亭角(°)	40.6～41.8	39.8～42.4	38.8～43.0	37.4～44.0	<37.4 或 >44.0
冠高(%)	12.5～17.0	10.5～18.0	9.0～19.5	7.0～21.0	<7.0 或 >21.0
星小面长度(%)	45～65	40～70	—	—	—
下腰小面长度(%)	70～85	65～90	—	—	—
腰厚	薄—稍厚	极薄—厚	极薄—很厚	极薄—极厚	极薄—极厚
底尖	无—小	无—中	无—大	无—很大	无—极大
抛光	EX－VG	EX－VG	EX－Fair	EX－Fair	EX－Poor
对称	EX－VG	EX－VG	EX－Fair	EX－Fair	EX－Poor

注:1.若某些切工比例组合不当,则可能降低切工质量的总评等级;2.—表示"任何数据"。

四、比利时钻石高层议会(HRD)

HRD 是 Hoge Raad Voor Diamant 的缩写,该机构成立于 1973 年,是一个为比利时官方承认并带有官方色彩、代表比利时钻石工商业的非营利性的专业组织。HRD 下辖有钻石办公室、宝石学院、证书部、科研中心和公关部 5 个部门,在钻石加工、商业贸易、钻石鉴定分级和人才培训等方面提供专业服务,在国际上具有较高知名度。

HRD 在钻石分级方面的主要贡献是协同 WFDB 和 IDMA 于 1979 年制定了 IDC 的"钻石分级标准",此后,HRD 身体力行执行并推广 IDC 标准。但是,HRD 在净度分级方面强调定量性方法,现在在其钻石分级教学方面仍保留了净度定量分级的特有理论和方法,例如 HRD 提倡的"$5\mu m$ 原则"即是指在划分 LC 级和 VVS_1 级时,在 10 倍放大镜下将钻石的净度特征与含有 $5\mu m$ 参考内含物的样石进行比较。

在切工方面,近年来 HRD 的分级标准也根据市场要求和竞争状况做了相应调整。HRD 的钻石切工评价包括"切工比例"和"修饰度"两个内容。原"修饰度"评价仅包括"对称性"一项指标,目前在修饰度评价方面又增加了"抛光质量"一项评价指标。此外,切工评价术语也做出相应调整,原本 HRD 的切工评价术语最高级别为"very good",现在又在"very good"细分出了更高的切工等级评价术语——"excellent"。

五、国际标准组织 ISO

自 20 世纪 90 年代起,国际标准组织已经开始尝试制定国际钻石分级标准,并邀请国际珠宝联盟、国际钻石委员会、美国宝石学院和斯堪的纳维亚钻石委员会共同参与,其中 HRD 作为国际钻石委员会的代表参与了标准的制定。

1993 年,ISO 向成员国下发了钻石分级草案 TC174/CD11211,但是在多个技术问题上未达成一致,因而未能被成员国接受并推广。1995 年,ISO 以"技术报告"(TR)形式发布编号为 TC174/TR11211－1 的《成品钻石分级——术语及分级标准》,此后又于 1997 年发布了一个新的草案。2002 年,ISO 公布了《成品钻石钻石分级——术语及分级标准》(ISO/FDIS11211－1)和《成品钻石分级——检测方法》(ISO/FDIS11211－2)。尽管十多年来遇到了重重困难,但是 ISO 一直在为制定并推行国际统一的钻石标准而努力。

六、中国钻石分级标准(GB/T 16554－2010)

1996 年,国家质量监督检验检疫总局和中国国家标准化管理委员会首次制定并颁布实施了有关钻石分级的国家标准,并于 2003 年和 2010 年对钻石分级的标准进行了两次修订。目前最新的钻石分级国家标准(GB/T 16554－2010)于 2010 年 9 月 26 日发布,并于 2011 年 2 月 1 日正式实施。

新标准规定了天然的未镶嵌及镶嵌抛光钻石的术语和定义、钻石颜色、净度、切工的分级规则、钻石质量和钻石分级证书,它适用于珠宝玉石鉴定、文物鉴定、商贸、海关、保险、典当、资产评估以及科研教学、文献出版等领域的钻石分级及相关活动。

与修订之前的钻石分级国家标准相比,GB/T 16554－2010 在钻石的切工分级方面制定出更为详细规范的评价内容和规则,这是非常明显的一个进步和内容完善。经过多次修订和补充,钻石分级国家标准与国际标准更为接近,必将对规范钻石市场交易、指导钻石商品价格起到更为重要的推动作用,同时对改善企业管理水平,提高产品质量,也会产生十分积极的影响。

钻石分级国家标准(GB/T 16554－2010)的适用范围如下:

(1)未镶嵌抛光钻石质量大于等于 0.040 0g(0.20ct);镶嵌抛光钻石质量在 0.040 0g(0.20ct,含)至 0.200 0g(1.00ct,含)之间。质量小于 0.040 0g(0.20ct)的未镶嵌及镶嵌抛光钻石、质量大于 0.200 0g(1.00ct)的镶嵌抛光钻石可参照本标准执行。

(2)未镶嵌及镶嵌抛光钻石的颜色为无色至浅黄(褐、灰)色系列。非无色至浅黄(褐、灰)色系列的未镶嵌及镶嵌抛光钻石,其净度分级可参照本标准执行;其标准圆钻型切工的切工分级可参照本标准执行。

（3）未镶嵌及镶嵌抛光钻石的切工为标准圆钻型。非标准圆钻型切工的未镶嵌及镶嵌抛光钻石，其颜色分级、净度分级及切工分级中的修饰度（抛光和对称）分级可参照本标准执行。

（4）未镶嵌及镶嵌抛光钻石未经覆膜、裂隙充填等优化处理。

除以上钻石机构和标准外，在钻石分级的推广工作中，比利时国际宝石学院（IGI）、美国宝石学会（AGS）和欧洲宝石学会实验室（EGL）等机构也做出了非常重要的工作和努力。

第三章 钻石的颜色分级

世界上绝大多数钻石属于"开普系列","开普系列"包括无色、浅黄以及部分具有浅褐、浅灰等色调的钻石,其中带黄色调的钻石最为普遍和常见。世界各种钻石分级体系中,颜色分级的对象主要是"开普系列"钻石。

"开普系列"钻石从无色到浅黄以至黄色的颜色变化是连续的,将连续变化的颜色划分成若干个区间,这样的颜色区间称为色级,其中每个色级均代表颜色浓度变化的一定范围。不同色级涵盖的颜色浓度区间范围不同,色级越高涵盖的颜色浓度区间越小,色级越低涵盖的颜色浓度区间越大,这种色级划分的特点主要是由高色级钻石的稀有性和高价值属性决定的。

利用确定的颜色界点(比色石)作为参照物,判断待分级钻石所属的颜色区间,并利用该颜色区间所属色级对钻石的颜色特征进行描述,称为颜色分级。不同色级的钻石,其颜色的明显程度不同,此外,对于钻石颜色的判断还受到客观条件和主观因素的影响。从客观条件上讲,必须有一套按照色级划分标准确立的颜色分级参照物,即标准的比色石;此外,标准的光源和中性的分级环境也是非常重要的影响因素。从主观条件上讲,分级者必须具备丰富的经验和正确的颜色分级方法。例如,经过系统训练的分级师对钻石颜色具有较强的分辨能力;颜色分级时能够从正确方向对钻石的颜色进行观察;能够正确判断钻石大小对颜色的影响并在分级过程中加以纠正;能够准确识别褐色、灰色等杂色调并排除杂色调对钻石分级的干扰。

钻石的颜色分级以目视比较为基础(图3-1)。正常的视力能够分辨非常微小的颜色差异,甚至比精密仪器更灵敏。尽管钻石色度仪、钻石光度仪等光电仪器早已引入钻石颜色分级领域,并且利用光电仪器进行颜色分级也的确在一定程度上避免了目视分级可能存在的主观因素的影响,但是,所有的钻石分级标准目前仍然只

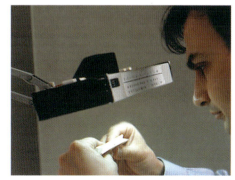

图3-1 目视比色法

承认传统的利用比色石进行的目视分级方法,通过比较待分级样品与比色石颜色浓度的靠近程度来确定钻石的色级,这种传统的方法仍然最为可靠。经过严格训练的分级师能够对分级中所遇到的各种情况进行综合分析,借助比色石准确确定待定钻石所属的色级。为了避免主观因素对颜色分级可能造成的影响,许多实验室都采用多人重复评价的方法来保证结论的客观性。

第一节 钻石的颜色级别

根据我国钻石分级国家标准(GB/T 16554—2010),未镶嵌钻石的颜色共划分为12个级别。钻石颜色级别采用字母术语描述和数字术语描述两种方式(表3—1)。

表3—1 钻石颜色等级对照表

钻石颜色级别		相应比色石的参考特征
D	100	D级:极白色以至略显水蓝色,透明
E	99	E级:纯白色,透明
F	98	F级:白色,透明
G	97	G级:亭部和腰棱侧面几乎不显黄色调
H	96	H级:亭部和腰棱侧面显似有似无黄色调
I	95	I级:亭部和腰棱侧面显极轻微黄白色
J	94	J级:亭部和腰棱侧面显轻微黄白色,冠部极轻微黄白色
K	93	K级:亭部和腰棱侧面显很浅的黄白色,冠部轻微黄白色
L	92	L级:亭部和腰棱侧面显浅黄白色,冠部微黄白色
M	91	M级:亭部和腰棱侧面明显的浅黄白色,冠部浅黄白色
N	90	N级:任何角度观察钻石均带有明显的浅黄白色
<N	<90	

第二节 钻石颜色分级实践

一、颜色分级的技术条件

1.选用大小合适的比色石

从理论上讲,比色石和待定样品的大小应该相近,这样才能保证比色结果的准确。但是，由于标准比色石价格昂贵，一般情况下钻石分级实验室中只是常备少数几套规格的比色石，所以实际工作当中，比色石大小与待测样品常常有一定的差距。通常而言，0.30ct 左右的比色石，适用于 1.50ct 以下的钻石，0.70ct 的比色石可以适用于 0.50~3ct 的钻石。

2.利用标准的比色光源

标准比色光源是指符合 IEC 标准 D_{55} 或 D_{72}（即色温 5 500K 或 7 200K）且不含紫外线或含紫外线极少的用于钻石比色的人工光源（图 3-2）。钻石灯能够提供符合颜色分级要求的光照条件。不同钻石分级体系对于比色光源的要求基本一致，但是色温条件常略有差别，强调采用标准的比色光源，是为了增加不同实验室之间分级条件的一致性。

　　标准色温的比色灯　　　色温偏高的稀土型日光灯　　　色温偏低节能型日光灯

图 3-2　不同色温对比色灯的影响

3.采用中性的实验室分级环境

颜色分级的实验室环境必须是中性的（图 3-3），否则，诸如实验室墙壁、地板、天花板、工作人员服装、分级工具的颜色以及从实验室窗户透射的光线或实验室中的其他灯光等将影响颜色分级的准确性，甚至导致错误结论。颜色分级实验室整体环境必须是白色、黑色或灰色，此外，实验室还应该避免杂光的照射，要排除分级用光源外的其他光线，暗室或半暗的实验室是理想的分级环境。

图 3-3　钻石分级实验室

二、颜色分级的工作方法

1. 准备工作

比色之前,将待比色钻石浸入酒精溶液清洗干净,检查比色石标样表面是否清洁,以免因表面污渍影响比色的准确性;测量并记录待比色钻石的大小和质量,观察并记录待比色钻石的内部特征,以免待比色钻石与比色石标样混淆;检查比色光源、比色环境是否符合要求,检查镊子、比色纸、比色板、钻石布等用具是否洁净。

2. 检查比色石

将比色石按色级从高到低的顺序,台面向下自左至右等间距依次排列在比色板或折成"V"型的比色纸的槽缝上,比色石标样相互间隔 1~2cm(图 3-4)。把排列好的比色石放在比色灯下,检查比色石顺序,比色石与比色灯管距离 15~20cm,视线平行比色石腰棱观察,识别颜色由浅到深的变化,确保无顺序排列错误发生。

图 3-4　检查比色石

3. 确定色级范围

把待分级钻石放在与其色级大致相近的两颗比色石(如 E 色和 G 色)之间,并与左右相邻的比色石进行比较。若其颜色比低色级比色石深,则向右移动一格进行比色;若其颜色比高色级比色石浅,则向左移动一格进行比色。调整待分级钻石的比色区间,使其位于比低色级比色石色深、比高色级比色石色浅的位置。

观察钻石颜色时应该尽量避免表面反光的影响,表面反光对钻石的颜色观察有很强的干扰作用。为了消除表面反光,可以对比色石和待分级钻石"呵气",钻石表面因呵气常常形成一层薄薄的水雾,水雾迅速消散的瞬间钻石的反光不明显,是比色的最佳时机。

4.判定色级

判定钻石的色级,必须了解比色石所表示的色级位置,即比色操作采用的比色石位于所代表色级的上限位置(GIA 比色石)还是下限位置(CIBJO 比色石)。若比色石位于所代表色级的上限,则待分级钻石色级与左边高色级比色石相同;若比色石位于所代表色级的下限,则待分级钻石色级与右边低色级比色石相同。我国国标规定,钻石颜色级别划分规则如下:

(1)待分级钻石与比色石中某一粒颜色相同,则该比色石的颜色级别为待分级钻石的颜色级别。

(2)待分级钻石颜色介于相邻两粒连续的比色石之间,则以其中较低等级表示待分级钻石颜色级别。

(3)待分级钻石颜色高于比色石的最高级别,仍用最高级别表示该钻石的颜色级别。

(4)待分级钻石颜色低于"N"比色石,则用<N 表示。

5.检查钻石

检查钻石,确定未将比色石与待分级钻石混淆,记录比色结果。

三、颜色分级的注意事项

1.钻石比色的最佳观察位置

对于明亮型圆钻而言,钻石的底尖和腰棱的两侧是颜色集中的位置,比色时应该把以上位置作为颜色比较的重点(图 3-5)。

此外,钻石比色时还要注意观察视线的方向。当视线平行腰棱观察钻石底尖和腰棱两侧时,容易辨别钻石的颜色及颜色的深浅程度;视线垂直亭部刻面观察亭部中央透明区域时,则不容易观察到钻石的颜色(图 3-6)。

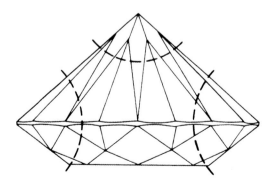

图 3-5　圆钻的颜色集中区(亭部、底尖和腰棱两侧)

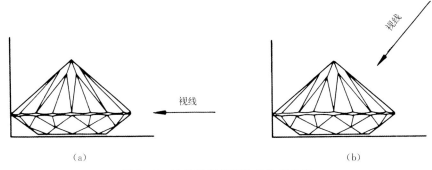

图 3－6 比色观察的两种最常用方向
(a)视线平行腰棱观察钻石底尖和腰棱两侧；
(b)视线垂直亭部刻面观察亭部中央透明区域

2.大小不同钻石的比色操作

同一色级的钻石,钻石越大,越容易显示体色,所以待分级钻石与比色石大小越接近,比色结果越准确。若钻石与比色石的大小差异比较大,则比色结果容易产生准确性偏差。一般来说,1ct 以下钻石的比色,可以使用 0.30～0.40ct 大小的比色石；0.50～3ct 的钻石可以使用 0.70ct 大小的比色石。

当待测钻石与比色石大小相差较大时,尤应注意钻石的比色部位。因为同色级钻石颜色的饱和度与钻石直径的尺寸呈正相关。尺寸大小不同的钻石比色时应比较亭部底尖的位置,且比色石与待测钻石比色的区域大小应相同；或比较小钻腰棱部位与大钻腰棱以上、底尖以下相应位置；或比较台面与比色板接触的位置,此位置受钻石大小的影响较小。

3.带杂色调钻石的比色操作

比色石的色调变化是从无色到浅黄色,而待分级钻石常常可能具有褐色或灰色色调。钻石比色是对颜色浓度的判断,不是对颜色色调的比较,所以,带杂色调钻石比色时,应该放弃对色调的考虑,对颜色浓度进行比较。但是,相同浓度的不同色调其明显程度不同,比色过程中应该注意杂色调对比色结果的影响。与黄色调相比,具有同样浓度的褐色调更明显一些,所以带褐色色调的钻石容易判定为较实际色级低的色级；而浅灰色色调较黄色色调不明显,所以带浅灰色色调的钻石容易判定为较实际色级高的色级。

利用透射光比色法,可以消除或减弱不同色调对颜色分级准确性的影响。把光源放在比色槽的后面,光线透过比色槽后强度减弱,从垂直亭部的方位观察透过待分级钻石和比色石的光线,可以看到二者的颜色几乎消失,此时可以比较待分级钻石和比色石显示的"灰度"(即颜色浓度),通过"灰度"比较,可以确定钻石样品的色级(图 3—7)。

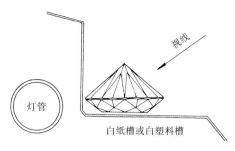

图 3—7　透射光比色法

4.异型钻的比色操作

比色石是标准的明亮型圆钻,与明亮型圆钻相比,异形钻具有不同的琢型和切工,光线在钻石内部形成不同的反射路径和方式;并且,异型钻的颜色集中区也不同于明亮型圆钻,所以异型钻的比色操作和色级判断比较困难。异型钻腰棱的尖端部位颜色最为集中,另外异型钻腰棱特别厚的部位,如心形明亮型钻石的切口,颜色也比较深,通常而言,这些位置都不适合比色(图 3—8)。对于各种变形的明亮型钻石而言,亭尖部位是最佳的比色位置。各种阶梯型钻石,如祖母绿型钻石,较少受到钻石反光的影响,所观察的颜色较实际色级感觉要浅一些,只有在对角线方向上,阶梯型钻石的光线反射才与标准圆钻类似,所以对角线方位是阶梯型钻石比色的最佳方位。异型钻的款式和品类很多,比色时总的原则是尽量选择异型钻石的刻面分布与比色石相似的部位或方向进行比较。

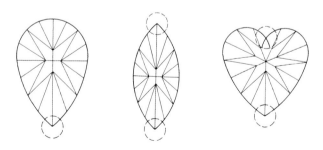

图 3—8　花式钻的颜色集中区和不适于比色的位置(虚线范围)

此外,还可以从不同方向上对异型钻与比色石进行颜色比较,并把每个方向上的结果都记录下来,最后取平均色级为该异型钻的色级,这种取色级平均值的方法特别适用于长宽比大于1的异型钻石。

5.切工比例不同的明亮型圆钻的比色操作

若待分级钻石和比色石的切工比例显著不同,或待分级钻石的切工比例不佳,则也可能影响比色操作的准确性,常常由于比例的偏差造成某些位置颜色较深或较浅。在这种情况下,可以分别对比相同部位,以其中比例较接近部位的对比结果为准。切工比例差的钻石,如亭部过浅的钻石(鱼眼石)比同色级切工标准的钻石看起来颜色要浅;相反亭部过深(块状石)的钻石看起来颜色要深,因此应注意修正。

若待分级钻石的亭部比例与比色石相比差别较大,则应该选择腰棱两侧作为最佳比色位置;若待分级钻石的冠部比例或腰棱厚度与比色石相比差别较大,则应该选择亭尖部位或亭部中央部位进行比色。

此外,还有一点值得注意:当从不同方向观察时,若钻石上出现色域(两种色级),应多角度转动钻石取其平均色作为待测钻石的色级。

6.镶嵌钻石的比色操作

色级常受镶嵌用的贵金属、围镶其他有色宝石的影响而不易精确分级。如黄金或围镶的小颗粒黄色宝石使 H 色级以上的钻石稍低于实际色级,使 I 色级以下的低色级钻石稍高于实际色级。铂金或 K 白金围镶或迫镶的 J 色级以下的低色级钻石稍高于实际色级。在围镶的小颗粒蓝色宝石的衬托下,低色级钻石稍高于实际色级。因此,即使使用标准的比色石,也不可能对镶嵌的钻石进行很精确的颜色分级。

依据 GB/T 16554—2010,镶嵌的钻石划分为如下等级:D—E、F—G、H、I—J、K—L、M—N、<N,共有 7 个等级,可见镶嵌钻石的颜色分级比较宽松。

利用镊子或用于镶嵌钻石比色的戒指夹卡住比色石腰棱,在比色灯下利用10倍放大镜或宝石显微镜观察,把已镶钻石的台面靠向比色石台面,并比较两颗钻石的相同部位,能较准确地判别其色级(图3—9)。

图3—9 镶嵌钻石比色

第三节　钻石的荧光分级

某些矿物或宝石受到 X 射线、紫外光以及其他高能射线等外在能量的激发能够发出可见光,当外在能量停止激发的时候,发光现象也停止,这种现象称为荧光效应。

部分钻石在长波紫外光激发下能够发出荧光,荧光的颜色有黄色、黄绿色、橙红色、粉红色、蓝白色等(图 3—10,图 3—11)。在宝石学中,用作荧光检测的紫外光有两种,一种是波长 365nm 的长波紫外光,另一种是波长 254nm 的短波紫外光。钻石分级中的荧光强度检测,是特指长波紫外光下的荧光强度及色调的认定。长波紫外光下,若待分级钻石的荧光强度与荧光强度比对样品中的某一粒相同,则该样品的荧光强度级别为待分级钻石的荧光强度级别。根据我国国标,荧光强度分为 4 个等级:强、中、弱、无。在钻石分级报告的相应栏目或备注中记录荧光的强度和荧光的颜色。

图 3—10　紫外灯

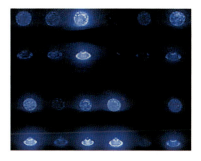
图 3—11　钻石荧光

我国钻石分级国家标准(GB/T 16554—2010)和 CIBJO 钻石分级标准中设置有 3 颗标志强、中、弱荧光强度的标准样品,把荧光分为强、中、弱、无 4 个等级;GIA 则把荧光强度分成极强、强、中、弱和无 5 个等级。

钻石的荧光可能影响钻石的价格。Ⅰ 级以下的钻石,若具有中等强度以上的蓝白色荧光,则蓝白的荧光颜色有利于提高钻石的色级外观,钻石的颜色比实际色级看起来要高一些,所以,市场价格相应略高。H 色以上的钻石过强的荧光常常使钻石产生奶白色或"油雾钻"外观,影响钻石的透明度,因此,此类钻石的市场价格又要相对降低,价格影响最多可达 15% 左右。

第四节 彩色钻石分级简介

目前,彩色钻石在国际市场上越来越受到重视,伴随着彩色钻石的兴起,彩色钻石的颜色分级问题也引起了更多的重视,GIA 和 HRD 在彩色钻石分级方面分别提出了自己的分级方法,为不久的将来国际钻石界在彩色钻石颜色分级标准方面达成共识提供了重要的参考资料。

彩色钻石的颜色分级条件要求非常严格,实验室通常采用国际照明委员会的标准光源 D65,在中性背景的环境中,以《孟塞尔颜色图册》作为参照物,将彩色钻石台面向上(HRD 要求台面向下)进行比色。比色时视线应垂直于台面或冠部刻面。下面主要以 GIA 为例,简要介绍目前彩色钻石的分级方法。

一、彩色钻石颜色特征三要素

自然界的颜色由色彩(hue)、色调(或亮度)(tone)和色度(saturation)3 部分组成,彩色钻石也不例外,其颜色特征可以利用 3 个要素进行描述(图 3—12)。

色彩(hue):色彩是指人们肉眼可见的基本的光谱色,即赤、橙、黄、绿、蓝、青、紫,通常被描述成一个色彩缤纷的色环,代表自然界中彩色钻石的所有色彩。

亮度(tone):亮度是指色彩的明暗程度,也是色光的光强大小,宝石的最高亮度为无色,宝石的最低亮度为黑色。

色度(saturation):色度是指颜色的饱和度,俗称颜色的浓或淡。例如,饱和度低的红色称为粉红色,饱和度低的绿色或蓝色会出现灰色,而饱和度高的暖色调则出现褐色。

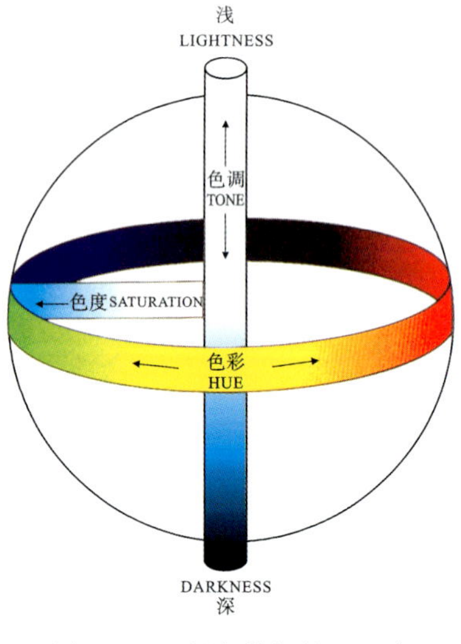

图 3—12 颜色特征的三要素

二、彩色钻石的基本色

在自然界里,纯色的彩色钻石(即只有一种色彩的钻石)非常罕见,特别是红色钻石极其稀有。根据彩色钻石的特征,共包括红、粉红、橙、黄、绿、蓝、靛、紫、褐、灰、白、黑 12 个主色,主色即一颗钻石的主要色彩。

另外,彩钻还包括辅色,辅色是除主色之外的次要颜色。例如一颗微褐粉红色(brownish pink)钻石,粉红是主色,褐色是辅色;而另一颗粉红褐色(pink brown)钻石,褐色是主色,粉红则是辅色。有时一颗彩钻会同时具有两个辅色,例如微褐紫粉红色(brownish purple pink)钻石,粉红色是主色,紫色是第一辅色,微褐色是第二辅色。这表明,有时3种颜色可能同时存在于一颗钻石之中,只不过3种颜色所占主次不同。

GIA将色环划分为27种基本色(图3—13),用以描述彩钻的色彩特征。

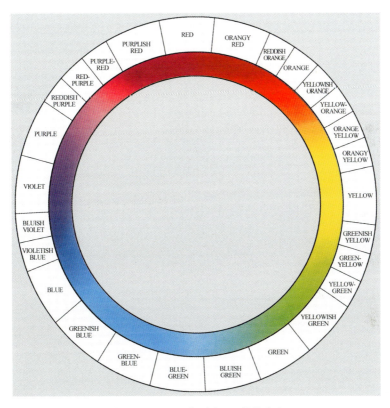

图3—13　GIA色环和27种基本色

三、彩色钻石的颜色分级

GIA将彩色钻石的颜色分为9个等级:
(1)faint:极浅(表示亮度极高,饱和度极低);
(2)very light:很浅(表示亮度很高,饱和度低);
(3)light:浅(表示亮度高,饱和度较低);
(4)fancy light:浅彩(表示亮度较高,饱和度较低);

(5)fancy:中彩(表示亮度中等,饱和度适中);

(6)fancy intense:浓彩(表示亮度中等,饱和度较高);

(7)fancy vivid:艳彩(表示亮度中等,饱和度高);

(8)fancy deep:深彩(表示亮度低,饱和度中—高);

(9)fancy dark:暗彩(表示亮度较低,饱和度低—中等)。

四、彩色钻石的颜色描述

在GIA标准中,彩色钻石根据以下原则进行颜色描述:

颜色等级+基本色+颜色均匀度(均匀或不均匀)。

例如,若有一颗彩色钻石,其色彩为黄橙色,色彩的亮度较高,饱和度较低,颜色均匀,则该钻石按GIA彩色钻石分级标准可以描述为浅黄橙色钻石(fancy light yellow-orange diamond)。

尽管目前世界上尚未建立起统一的彩色钻石分级标准,但是国际珠宝界期望通过实践逐步达成共识,从而建立统一的彩色钻石分级标准。

第四章 钻石的净度分级

第一节 钻石的净度特征

钻石的净度级别主要是根据钻石的内部特征和外部特征来确定,钻石的内外部特征是净度分级的基本依据,二者又统称为"净度特征"。内部特征和外部特征在净度分级中的作用不同,分级实践中如何来确认内部特征和外部特征,对净度分级的结论具有重要的影响和意义。

一、内部特征

内部特征是决定钻石净度的重要因素,又常常称为"内含物"。内部特征对于 VVS 及以下级别的钻石具有决定性影响;此外,有无内部特征也常常是 VVS 与其更高净度级别的区分标志。内部特征的存在状态有两种情况,一种情况是内部特征完全包裹在钻石的内部,例如,包含在钻石内部的包裹体、内部纹理等,这种内部特征通常是原生的,称为封闭式内部特征;另外一种情况是内部特征与表面连通,称为开放式内部特征,这种内部特征在表面有开口,但是仍以深入内部为主。例如,大的裂隙、大而深的破口以及激光孔等,它们常常对钻石的净度甚至钻石牢固程度造成严重影响。根据钻石分级的国家标准,内部特征共分为 11 种情况,根据其性质常常可以分成包裹体、结构现象、裂隙和缺损等不同类型(表 4—1)。

表 4—1 钻石内部特征

类型	名称	说明
包裹体	● 点状包裹体 (pinpoint)	包含在钻石内部极小的天然包裹体,在 10 倍放大观察的条件下无法辨别晶形,多为白色点状,也可以为深色或黑色"针尖"
	云状物(cloud)	钻石中朦胧状、乳状、无清晰边界的天然包裹体,它往往是由数量众多的细小内含物组合而成,10 倍放大观察无法辨别内含物单体。云状包裹体常常影响钻石的透明度和亮度,形成朦胧外观。云状物对净度影响的跨度很大,若钻石中仅存在几个不明显小点组成的微云状物可判定为 VVS 级,若存在小云状物可判定为 VS 级,若存在明显云状物可判定为 SI 级,大而显著的云状物则可以成为判定 P 级钻石的净度特征

续表 4-1

类 型	名 称	说 明
包裹体	浅色包裹体 (lighter inclusion)	钻石内部所含有的浅色的或无色的天然包裹体,常见的有钻石、锆石、橄榄石等晶体包裹体。多为钻石形成过程中包裹到钻石内部的同生或原生固态包裹体,比点状包裹体大,10 倍放大观察时可以识别晶体形态
	深色包裹体 (dark inclusion)	钻石内部所含有的深色或黑色的天然包裹体,常见的有铬铁矿(黑色)、石榴石(红色)、橄榄石(绿色)、硫化物(深色)和属于次生包裹体的片状石墨等。与浅色包裹体相比,深色包裹体与钻石的颜色反差更大,放大观察时更容易被发现
	针状物 (needle)	钻石内部细长的针状包裹体。通常钻石内部针状物比较少见,而钻石的仿制品合成碳硅石内部常含有大量针状物,这通常也是区别二者的重要特征
结构现象	内部纹理 (internal graining)	存在于钻石内部的线状结构现象和面状结构现象,表现为平直的直线、纹理或平面,如生长纹、双晶纹、双晶面等
裂隙	羽状纹(feather)	包含在钻石内部或由钻石表面延伸到内部较大的裂隙,可以为解理裂隙、断口裂隙和应力裂隙
	须状腰 (bearded girdle)	沿钻石腰棱分布的细小胡须状羽状裂隙,是加工过程中形成的解理现象
缺损	内凹原始晶面 (indented Natural)	凹入钻石内部的天然结晶面,一般是切磨钻石时,为了保存最大直径和最大质量而保留下来的钻石原石的表皮,多为原石晶面的一部分,常常可以发现表面生长现象
	空洞(cavity)	大而深的不规则破口,可以是到达表面的开放型裂隙,也可能是钻石抛磨时表面上的固态包裹体脱落而形成的凹坑
	激光痕(laser drill)	用激光和化学品去除钻石内部深色包裹物时留下的痕迹,管状或漏斗痕迹称为激光孔,可利用高折射率玻璃充填。激光孔是白色针状的细管道,激光孔入口往往位于腰棱部位,反射光下为黑色小点

1. 包裹体

包含在钻石内的固态、液态异相物。包裹体从成因上分可以分为原生、同生和次生3种类型,但是在钻石净度分级中不详细探究包裹体的成因和具体性质,主要强调其可见性。根据外观,钻石分级国家标准(GB/T 16554—2010)把包裹体细分成点状包体、云状物包裹体、浅色包裹体、深色包裹体和针状物5种类型(图4—1至图4—4)。

图4—1 深色包裹体

图4—2 云状物包裹体

图4—3 晶体包裹体

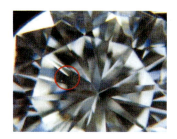
图4—4 点状包裹体

2. 结构现象

在钻石的晶体生长过程中形成的、与钻石的晶体结构密切相关的结构现象,包括双晶面和双晶纹(图4—5)、生长面和生长纹(图4—6)等。在钻石分级国家标准(GB/T 16554—2010)中,这些与结构现象有关的内部特征统称为内部纹理。

3. 裂隙

存在于钻石内部或由钻石表面延伸到内部的闭合破裂面,根据其性质可以分为断口裂隙、解理裂隙和应力裂隙3种类型。在外力作用下,钻石沿非解理方向形成不具定向性的裂隙称为断口裂隙;沿解理方向形成的平直裂隙称为解理裂隙;由钻石内部应力造成的裂隙称应力裂隙,它往往围绕在固体包裹体的周

图4-5 双晶纹分布在亭部刻面上　　图4-6 生长纹在12点钟的星刻面上

围,尺寸较小。依据钻石分级国家标准(GB/T 16554—2010),裂隙分为羽状纹和须状腰两种情况(图4-7,图4-8)。

图4-7 羽状纹　　　　　　　　　图4-8 须状腰

4.缺损

从钻石表面一直深入到钻石内部的凹陷、缺口、激光孔洞或开放式破裂,例如,内凹原始晶面、空洞、破口、击痕和激光痕等(图4-9至图4-13)。

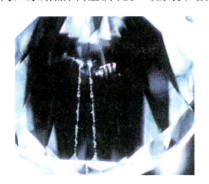 

图4-9 钻石中的激光孔洞

图 4-10　破口

图 4-11　空洞

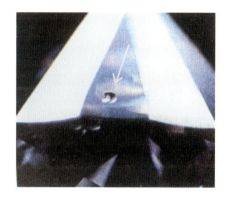
图 4-12　击痕

图 4-13　内凹原晶面

二、外部特征

表面纹理、原始晶面、额外刻面、抛光纹、刮痕、缺口、棱线磨损以及人工印记等保留在成品钻石表面上的净度特征称为外部特征,根据钻石分级国家标准共分为 10 种情况(表 4-2)。

外部特征可能是保留了原石的某些表面特征,如原始晶面;可能是体现在钻石表面的结构现象,如表面纹理;也可能是钻石加工后遗留的抛磨痕迹,如烧痕、抛光纹等;还可能是钻石的表面磨损现象,如棱线磨损等(图 4-14 至图 4-21)。

表 4—2 钻石外部特征

类型	名称	说明
原石特征	原始晶面 (natural)	为保持最大质量而在钻石腰部或近腰部保留的天然结晶面,多数位于钻石的腰棱附近,是依据最大制约尺寸加工钻石而保留的原石特征。钻石原始晶面上常常会保留某些微形貌现象,可以作为钻石鉴定的特征
结构现象	表面纹理 (surface grain lines)	保留在钻石表面的天然生长痕迹,是双晶面与生长面在钻石抛光表面上的体现,表现为直的或弯曲的线,如双晶纹、生长纹等。与抛光纹不同的是一组表面纹理可以穿越多个刻面,体现出整体性和连续性
加工现象	抛光纹 (polish lines)	抛光不当造成的细密线状痕迹,主要是由于人员操作不当或磨盘过度使用造成。抛光纹在同一刻面内相互平行,但是相邻刻面上的抛光纹方向是随机的,不体现整体性和连续性,利用表面反光可以很好的观察抛光纹
加工现象	刮痕(scratch)	钻石表面很细的划伤痕迹,是钻石相互摩擦、相互刻画而导致的细浅白线
加工现象	烧痕 (burn mark)	抛光不当所致的糊状疤痕,主要是由于钻石与高速旋转的磨盘碾轧摩擦产生高温,钻石表面发生氧化反应,表现为灰白色的表面雾团
加工现象	额外刻面(extra facet)	标准刻面之外的所有多余刻面,它表现为个别的、与琢型没有关系,也不符合对称性
表面磨损	缺口(nick)	腰棱或底尖上细小的损伤
表面磨损	击痕(pit)	受到外力撞击留下的痕迹,常表现为带有根须状细小裂纹的小白点
表面磨损	棱线磨损 (abraded facet-edge)	棱线上细小的损伤,呈磨毛状
人工印记		在钻石表面人工刻印留下痕迹。在备注中注明印记的位置

图 4—14 台面的烧痕

图 4—15 棱线磨损

图4-16 表面纹理

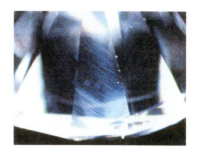
图4-17 钻石亭部刻面抛光痕

图4-18 额外刻面

图4-19 原始晶面

图4-20 缺口

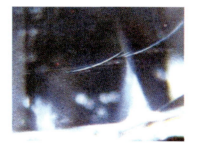
图4-21 刮痕

外部特征也是影响钻石净度分级的重要因素,对于VVS级以下的钻石而言,内部特征是判定净度级别的主要依据,但是对于高净度级别,特别是LC级的钻石而言,外部特征常常是影响钻石级别判定的重要因素。与内部特征的最大区别是外部特征不会深入钻石的内部,所以在钻石质量损耗极小的情况下,一些微小的外部特征经重新抛磨后可以去除。

三、净度特征图

净度分级时,常常需要绘制净度特征图,净度特征图是一种用以记录钻石内部特征和外部特征的素描图。绘制净度特征图是钻石净度分级的一项基本内容,也是很重要的一项工作。通过观察净度分级图,可以准确了解钻石所具有的净度特征的性质、大小、形状和位置,它是净度分级的客观记录,也是判断钻石净度级别的一种有利证据。同时,由于钻石净度特征常常具有唯一性和标志性特点,所以净度特征图也是确认钻石身份的一种有效方法。

绘制净度特征图的方法是在认真观察钻石内部特征和外部特征的基础上,按照各种特征的实际形态和大小比例,用相应的颜色和符号,绘制在冠部投影图和亭部投影图的相应位置上。在净度特征图上,钻石内部特征用红色符号表示,外部特征用绿色符号表示,对于少数涉及钻石表面的内部特征使用红绿两种颜色表示,例如,激光孔、表面凹坑、腰棱凹角、开放裂隙等。

对于仅从冠部可以观察到的特征,只绘制在冠部投影图上;对于仅从亭部可以观察到的特征,只绘制在亭部投影图上;对于从冠部和亭部同时能够观察到的特征,需要同时绘制在冠部和亭部投影图上。对于形成多个影像的内部特征,在净度素描图上只描绘实物,其影像现象在备注中加以说明。在钻石的正式分级报告中,通常只描绘决定钻石净度等级和最具识别作用的特征,其他特征可以在备注中加以说明。因此,对于净度级别高的钻石往往描绘详尽,因为对高净度级别的钻石而言,任何净度特征都可能影响其级别的判定。相反,判定低净度级别的钻石,只需要描绘主要的净度特征就足以提供充分证据。

绘制钻石素描图,需要注意冠部和亭部投影图的定位问题。冠部投影图按时钟的方式分成不同区域,12点钟在上方,6点钟在下方,二者构成"垂向轴";3点钟在右边,9点钟在左边,二者构成"水平轴"。亭部投影图通常摆放在冠部投影图的右方或下方,无论摆放在哪个方位,亭部投影图的定位与冠部投影图的定位都形成镜面对称。利用10倍放大镜观察钻石净度特征时,冠部和亭部的方位转换通常是围绕垂向轴旋转180°,这种方位转换恰好相当于亭部投影图和冠部投影图左右排布的方式(图4-22),因此亭部投影图和冠部投影图左右排布适合"放大镜观察方式"。利用显微镜观察钻石净度特征时,冠部和亭部的方位转换通常是围绕"水平轴"旋转180°,这种方位转换恰好相当于亭部投影图和冠部投影图上下排布的方式(图4-23),因此亭部投影图和冠部投影图上下排布适合"显微镜观察方式"。

在素描图上描绘钻石净度特征时,要注意所观察的不同净度特征的正确位置,确保不同净度特征之间的相对位置关系准确。对于从冠部和亭部都可以观察到的净度特征,要注意所描绘位置的一致性,这种一致性表现为在冠部投影图和亭部投影图上描绘的同一特征呈镜面对称。把冠部投影图和亭部投影图按虚线方位折合在一起时,同一内部特征恰好重合。

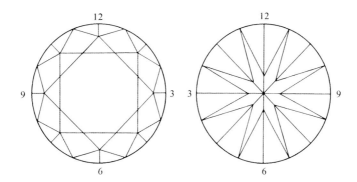

图 4-22 左右排列的钻石投影图,适用于 10 倍放大镜工作方式

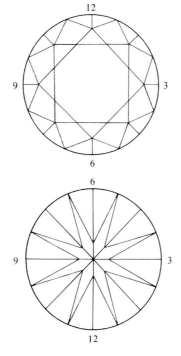

图 4-23 上下排列的钻石投影图,适用于显微镜工作方式

第二节　钻石的净度级别

根据我国国家标准,钻石的净度共分为 LC、VVS、VS、SI、P 5 个大级别,在此基础上,又根据净度特征的大小、数量、位置和性质细分为 LC、VVS_1、VVS_2、VS_1、VS_2、SI_1、SI_2、P_1、P_2、P_3 10 个小级别。对于质量低于(不含)0.094 0g(0.47ct)的钻石,净度级别可划分为 5 个大级别。钻研的净度级别和净度特征素描图见本节后的附图。

一、LC 级

在 10 倍放大镜下,未见钻石具有内外部特征,LC 级通常又称为无瑕级。但是如果具有以下情况的钻石仍属 LC 级:

(1)额外刻面位于亭部,冠部不可见;

(2)原始晶面位于腰围内,不影响透明度;

(3)钻石内、外部有极轻微的特征,经轻微抛光后可去除。

上述情况对 LC 及以下净度级别的划分不产生影响。

我国国标规定的 LC 级相当于 GIA 标准中的 FL 和 IF 两个净度级别的综合表述。GIA 对于 FL 的定义为:在 10 倍放大观察的情况下,观察不到钻石的内部特征和外部特征,但是若钻石存在大小不超过腰棱厚处的厚度、不影响腰棱对称性、从台面向下观察看不到的额外刻面或原晶面,则仍属于 FL 级;对于 IF 则规定,在 10 倍放大观察的情况下无内部特征,但是可以存在不影响钻石质量情况下通过抛磨可以去除的抛光纹、腰棱上的额外刻面或原晶面。

二、VVS 级

在 10 倍放大镜下,VVS 级钻石具有极微小的内、外部特征,根据净度特征的情况,又可以细分为 VVS_1、VVS_2。若钻石具有极微小的内、外部特征,10 倍放大镜下极难观察,定为 VVS_1 级;钻石具有极微小的内、外部特征,10 倍放大镜下很难观察,定为 VVS_2 级。

VVS 级钻石的净度特征包括少量针尖状细小包裹体、仅从亭部可见的发丝状微小裂纹、位于腰棱部位的微小额外刻面或原晶面、微小的底尖破损、轻微的磨痕、抛光纹和腰棱"胡须"等。通常而言,VVS_1 级的钻石台面位置不存在可以观察到的净度特征。

三、VS 级

在 10 倍放大镜下,VS 级钻石具有细小的内、外部特征,又可以细分为 VS_1、

VS_2。若钻石具有细小的内、外部特征,10 倍放大镜下难以观察,定为 VS_1 级;钻石具有细小的内、外部特征,10 倍放大镜下比较容易观察,定为 VS_2 级。

VS 级钻石的净度特征包括比针尖略大的晶形可辨的包裹体、存在于台面位置的小范围的云雾状包裹体、台面位置可以观察到的针尖状包裹体群、腰棱上方的细小羽状线裂、细小的底尖破损、细小的腰棱"胡须"等。

四、SI 级

在 10 倍放大镜下,SI 级钻石具有明显的内、外部特征,细分为 SI_1 和 SI_2。若钻石具有明显的内、外部特征,10 倍放大镜下容易观察,则定为 SI_1 级;若钻石具有明显的内、外部特征,10 倍放大镜下很容易观察,则定为 SI_2 级。

SI 级钻石的净度特征包括钻石冠部的少量小包裹体,从台面或亭部可见晶体轮廓的深色或浅色包裹体,位于腰棱以上冠主面或星小面等位置的小羽裂,从台面方向可见的较严重的底尖破损,带有明显色调的生长纹,影响钻石透明度的云雾体和位于冠部的较大的额外刻面等。SI 级钻石的包裹体已经足以影响钻石的光学效果,对于 SI_2 级钻石而言,视力较好的分级人员在不利用放大镜的条件下也常常可以识别钻石的净度特征。

五、P 级

钻石具有明显的内、外部特征,肉眼可见,定为 P_1;钻石具有很明显的内、外部特征,肉眼易见,定为 P_2;钻石具有极明显的内、外部特征,肉眼极易见,定为 P_3。

P 级钻石的典型净度特征包括贯穿冠部刻面甚至延伸到台面大的裂隙,位于台面明显的羽状裂隙,肉眼可以清晰辨别晶形的深色或浅色大包裹体,数量众多的中、小包裹体群等。P 级钻石具有明显的肉眼可见的内部特征,已经严重影响了钻石的光学效果和美观程度,甚至严重影响了钻石的牢固程度,对于 P 级钻石而言,已经不再将外部特征作为钻石净度分级的依据。

从净度的最高级别 LC 级到最低级别 P 级,钻石的净度特征自放大镜下不可见直至肉眼可见,可见性变化非常大。净度级别为 SI_1 级以上的钻石,肉眼观察无法辨别钻石的净度特征,也即是说 SI_1 级以上钻石的净度特征不会影响钻石的外观和整体光学效果。虽然在肉眼仔细观察的条件下,SI_2 级钻石的某些净度特征常常可以识别,但是对钻石的美观程度和光学效果也无太大影响。从 P_1 级开始,钻石的净度特征已经肉眼可见,严重影响了钻石的外观和光学效果,一些较大的裂隙甚至已影响到了钻石的耐用性和牢固程度,如果首饰用钻是 P_3 级,则佩戴过程中常常可能因外力影响而导致裂隙扩大乃至钻石破碎等后果。

附图　钻石的净度级别和净度特征素描图

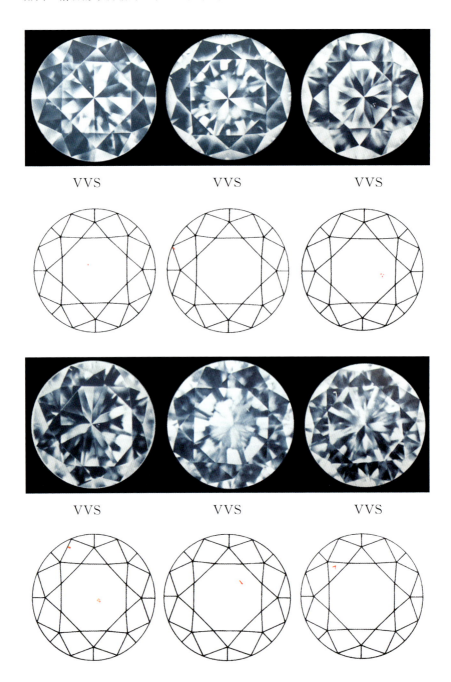

VVS　　　VVS　　　VVS

VVS　　　VVS　　　VVS

第四章 钻石的净度分级

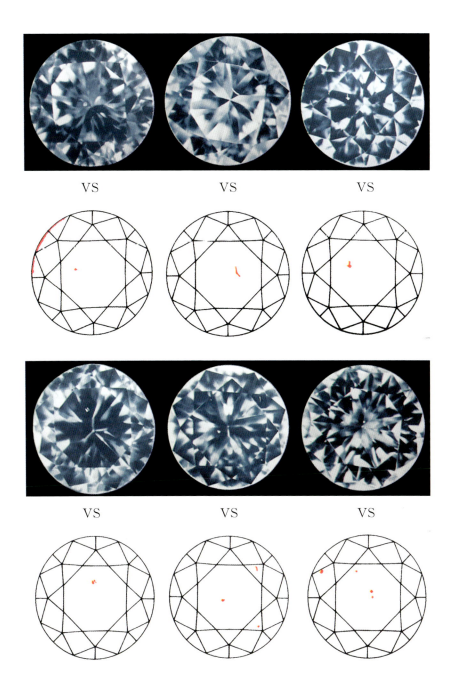

VS   VS   VS

VS   VS   VS

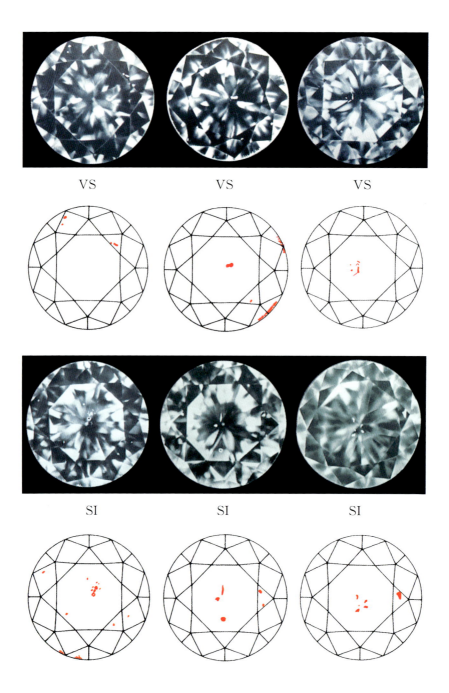

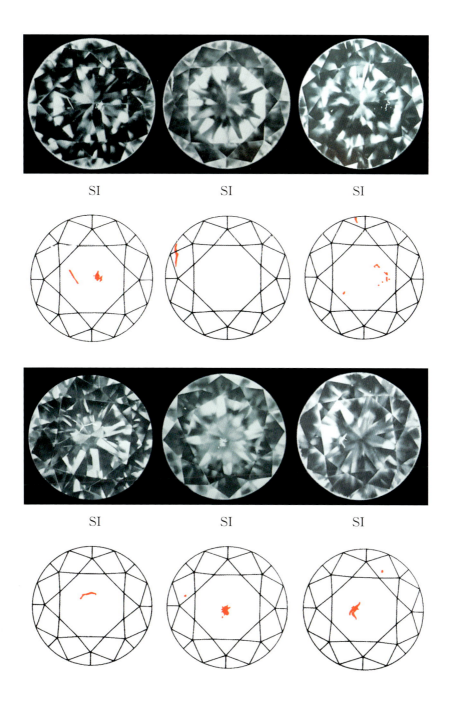

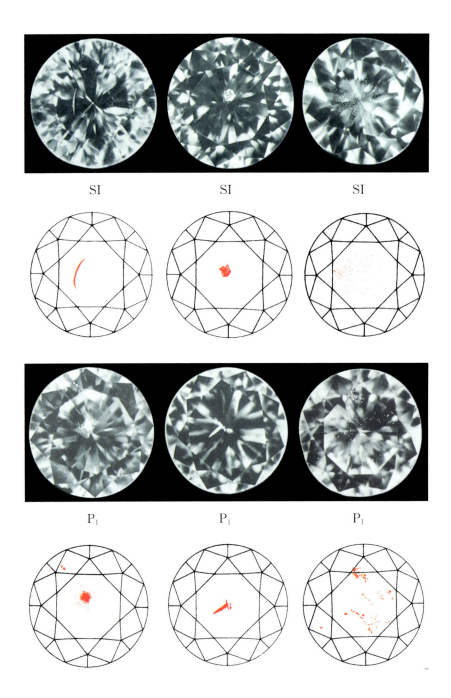

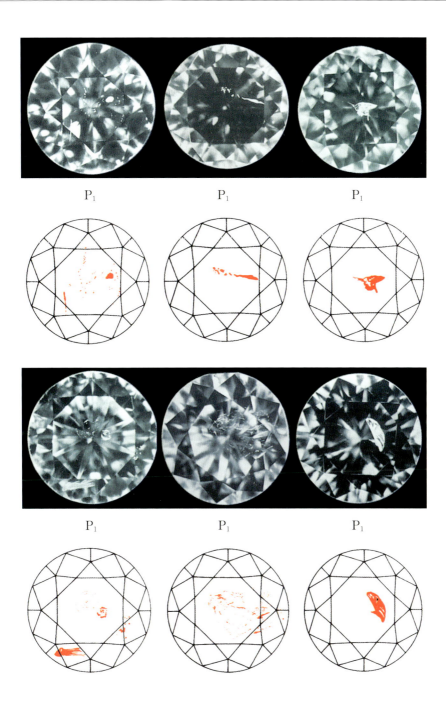

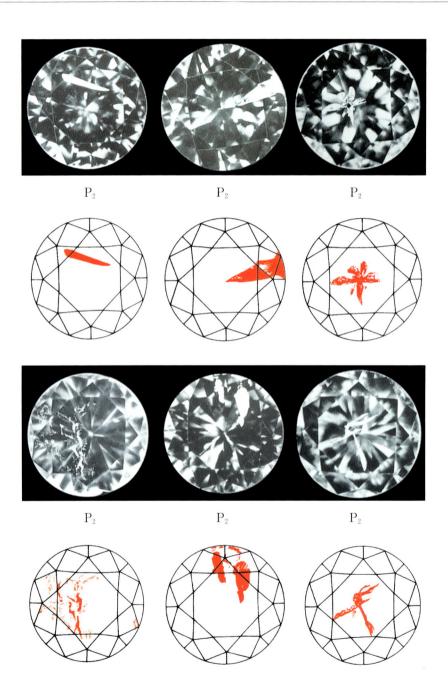

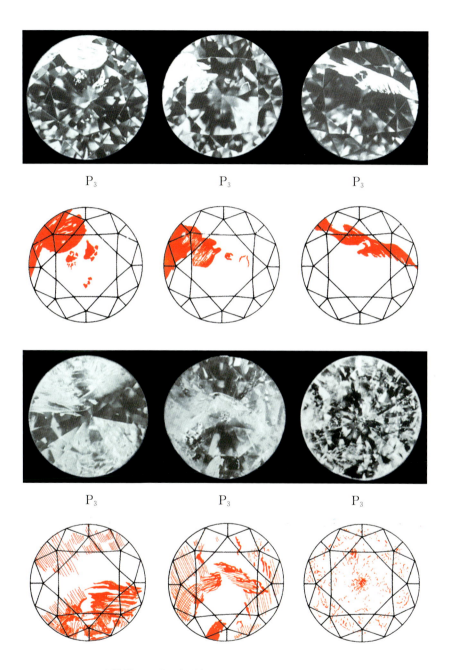

（据 Verena Pagel-Theisen，G.G，F.G.A，2001，10X）

第三节 钻石净度分级实践

钻石净度分级是在采用比色灯照明和 10 倍放大镜观察的条件下,根据净度特征的大小、数量、性质、位置、颜色等内容来确定钻石净度等级的工作过程。钻石的净度分级是根据钻石最主要的净度特征并且参考次要的净度特征来进行的。从事净度分级的技术人员应受过专门的技能培训,掌握正确的操作方法。根据国家标准,钻石净度级别的结论应该是由 2~3 名技术人员独立完成同一样品的净度分级后取得的统一结果。

一、净度分级操作步骤

钻石净度分级的具体操作过程如下:

1. 清洁钻石和工具

检查待分级钻石和分级工具是否洁净,将钻石浸入酒精或其他有机溶液中清洗,然后用钻石布擦拭干净。对于高净度的钻石,需放置于浓硫酸和硝酸钾混合溶液中加热煮沸,蒸馏水冲洗后放置酒精溶液中浸泡清洗,清洗后取出钻石任其表面酒精自然挥发。

2. 观察台面

一手执放大镜,一手执镊子夹持钻石,将钻石靠近钻石灯,使光线从钻石亭部透入,形成暗域或近似暗域照明,从垂直台面方向观察钻石台面视域内的净度特征。

3. 观察冠部

变换镊子夹持腰围的位置,从垂直台面方向或垂直冠部刻面方向观察冠部范围内的净度特征。观察钻石冠部时,6 点钟位置是视觉效果最好、最利于观察的方位。

4. 观察亭部

从底尖方向和垂直亭部刻面方向观察钻石的底尖和亭部范围内的净度特征。

5. 观察腰部

从钻石的正侧面观察钻石腰部的净度特征。

6. 描绘净度特征图

将观察的净度特征标示在冠部投影图和亭部投影图上。

7. 判定净度级别

综合考虑所观察净度特征的大小、性质、位置、数量、颜色等方面因素,按净度级别的划分标准判定钻石的净度等级。

二、净度特征观察的注意事项

钻石净度特征的观察是净度分级的基础工作,找出净度特征是判断净度级别的前提条件,特别是对于高净度级别的钻石而言。为了系统、准确、全面的观察净度特征,应注意下列问题:

1.镊子的影像

当用镊子夹住钻石腰棱放大观察时,常常可以在镊子夹持位置看见镊子的影像。对于初学者,比较容易把镊子的影像当作钻石的包裹体或羽状裂隙。另外,由于镊子对光线的遮挡以及所形成影像的干扰,常常在镊子夹持腰棱的位置形成暗域,难以准确把握该位置的净度特征,尤其是当净度特征比较小的时候。为了克服镊子影像的影响,建议初学者在观察净度特征时变换钻石的夹持位置,使影响覆盖区域充分暴露出来,最好放在6点钟位置观察,利用这种"换个角度看问题"的思路来解决问题。

2.包裹体的影像

当钻石亭部的内部包裹体靠近表面且位于两个或三个相邻刻面的对称面位置上时,常常因为光线反射、折射的关系形成两个或两个以上的镜像。若包裹体靠近钻石的底尖时,会形成一圈环状的影像。同一包裹体形成的多个影像常常具有对称性特点,并且每个影像大小、形状完全相同。为了准确判断究竟是钻石存在多个包裹体还是影像作用,可以使目光垂直一个亭部刻面进行观察,消除其他刻面形成的影像的干扰,从而判断包裹体的数量。

3.表面灰尘

钻石具有亲油性特点,表面容易吸附灰尘,所以,在观察净度特征时要把钻石清洗干净。当钻石净度较高时,要注意表面灰尘和近表面的针尖状小包裹体的区别。可以把钻石浸入酒精溶液中漂洗干净后取出,趁钻石沾附的酒精未挥发时观察,因为酒精能够减弱钻石表面反光的影响。如果是表面灰尘,就会漂浮在酒精的上面,由此将它与钻石近表面的细小针尖区分开来。此外,还可以调整观察角度使观察位置的表面形成反射光,通过反射光能够判断观察对象是否是表面灰尘。

4.激光打孔和裂隙充填

激光打孔和裂隙充填是改善钻石净度外观的两种最常见方式。若钻石内部存在深色包裹体,可以利用激光从近包裹体的表面打一个通道烧除该包裹体,然后利用强酸煮沸去除残留物质。激光打孔可以改善净度外观,但是并不能提高净度级别,烧除包裹体后形成的激光通道和白色空洞应该作为钻石净度分级的内部特征来处理,同时应在钻石分级证书中注明该钻石是经过激光处理。

裂隙充填也是改善钻石净度外观的一种处理方法,通常是在钻石的开放性裂隙中充填折射率较高的材料,例如高折射率玻璃。采用裂隙充填方法处理的钻石一般是 P 级钻石,裂隙充填可以极大地改善钻石的净度外观,使裂隙不容易观察,具有较强的隐蔽性和欺骗性。此外,裂隙充填物质也常常影响钻石的色调,所以我国国标和国际上其他钻石分级标准对裂隙充填的钻石不做 4C 分级。

三、净度级别判定的影响因素

钻石净度特征的可见性是判定净度级别的主要依据,可见性主要受净度特征的性质、大小、位置、数量和颜色等条件的制约和影响。所以,判定净度级别的时候必须综合考虑以上各种影响因素。

1. 净度特征的性质

高净度级别的钻石通常内部特征比较少,所以应该将注意力放在其外部特征上。外部特征对高净度级别钻石的影响比较大,特别对于 LC 钻石而言,它常常是钻石净度是否降级的决定性条件。对于 VVS 级以下的钻石,通常内部特征对净度级别的判定起决定性作用,普通外部特征常常作为判定净度级别的参考条件来考虑。此外,若内部特征影响了钻石的牢固程度和耐用性,一般应该判定为 P 级。

2. 净度特征的大小

净度特征越大,可见性越强,对钻石净度级别的影响也就越大,无论是内部特征还是外部特征。例如,即使钻石无任何内部净度特征,但是,若存在较大的原晶面也无法判定为较高净度级别,而大的内部特征则是判定净度级别的决定性因素。在净度分级方面,HRD 提出净度分级的定量分析方法,即利用显微镜测量包裹体大小的方法判定净度级别,IDC 标准中的"$5\mu m$ 原则"就是定量分析的体现。

3. 净度特征的数量

钻石的净度特征越多,可见性越大,钻石的净度级别也就越低。若钻石中的包裹体数量较多,比仅存在同样大小单个包裹体的钻石通常要低一个亚级或一个净度级别;若数量特别多,就可能将其净度级别降低几个等级。云状物是由非常微小的气液包裹体组成的净度特征,10 倍放大条件下无法分辨云雾体的单体,但是数量众多的细小包裹体聚集在一起形成云雾体,却常常对钻石的光学效果和透明度造成极大的影响,当云雾体分布在钻石的整个表面的时候,可以判定钻石的净度级别属于 P 级。此外,如果钻石的包裹体可以形成多个影像,也常常是判定净度级别下降的重要理由。

4. 净度特征的位置

同样的净度特征处于钻石的不同位置,则可见性效果不同。当钻石的台面有包裹体的时候,常常可以迅速被发现;但是包裹体如果分布在腰棱位置,则常常不易察觉。目前,部分学者提出参考包裹体在钻石中所处区位来判定净度级别的理论方法。

5.净度特征的颜色

同样大小、所处位置完全相同的两个包裹体若颜色或光泽反差特别大,则可见性也不同。深色包裹体比浅色包裹体、表面光泽强的包裹体比表面光泽弱的包裹体更易于被发现。所以,深色包裹体或高亮度包裹体常常要判定较低的净度级别。

第五章 钻石的切工

钻石的切工分级主要是对钻石的各部分比例和修饰度作出评价。钻石的切工评价是 4C 中唯一一个可以由人们直接控制的因素,也是所有 4C 分级中最复杂一个因素。其复杂性表现在评价涉及内容很广,包括钻石的各部分比例、对称性和抛光质量。最新的钻石分级国家标准(GB/T16554-2010)对钻石的切工分级进行了严格的规范,删除了切工测量中有关"目测法"的相关内容,替代它的是使用全自动切工测量仪以及各种微尺、卡尺,直接对各测量项目进行测量。

切工对钻石非常重要,只有经过精心设计、耐心劈锯、细心抛磨,才能充分地展示出钻石好的亮度、火彩和闪烁,进而才可能成为一件光彩夺目的成品。切工的好坏直接关系到钻石光彩闪烁的程度。适宜的切工比例会将钻石特有的金刚光泽和彩虹般闪耀的光芒发挥得淋漓尽致,并且能很好地保留钻石的质量,遵循"价值第一"的切工原则。而切工不好的钻石,就感觉到亮度和火彩不足,钻石显得呆板、没光彩,甚至还会出现"黑底"或"鱼眼"现象,钻石的价值大打折扣。现在国际上在对一颗钻石进行评价时,已经把切工评价放到了最重要的位置。在 3C 既定的情况下,由于切割的偏差,一颗钻石的价格可能浮动 30% 左右。

第一节 钻石的琢型

钻石的琢型指的是成品钻石的款式,包括两个要素。第一个要素是垂直台面向下观察到的钻石腰棱外廓的几何形状,例如圆形、心形、橄榄形等。第二个要素是钻石刻面的几何形状及其排列方式,主要包括明亮型(brilliant)、阶梯型(step)和混合型(mixed)3 种。明亮型钻石的刻面以三角形、菱形为主,且以底尖为中心向外作放射状排列;阶梯型钻石的刻面则以梯形、长方形、三角形为主,一层层彼此平行,并且平行地排列在腰棱的上下两边;若同时具有明亮型和阶梯型的特点,则称为混合型(mixed)。

描述一颗成品钻石的琢型时,要同时包含以上两个要素的信息。例如,圆明亮式琢型(round brilliant cut)钻石,指的是腰棱轮廓为圆形,刻面以底尖为中心向外做放射状排列的钻石(图5-1),简称为"圆钻"。

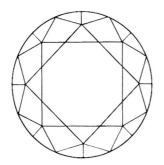 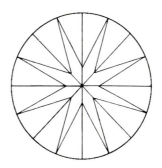

图5-1 圆明亮式琢型钻石及其冠部和亭部的投影图

圆明亮式琢型是市场上最常见的钻石琢型,也是切工评价的主要目标,本书中也将其作为主要的论述对象。

除了圆明亮式琢型以外的其他所有琢型,统称为"花式琢型(fancy cut)",简称为"花式钻"或"异型钻"(图5-2)。

常见的花式琢型钻石是马眼钻、梨形钻、椭圆钻、心形钻、祖母绿形钻和长方钻(图5-3)。其中,马眼钻也称"橄榄钻",素有"琢型王后"之称,如果加工精致,其火彩会超过其他的琢型钻石。

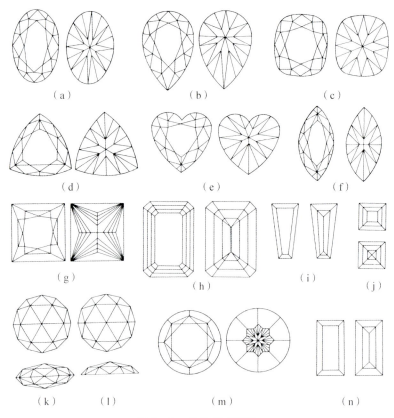

图 5-2 各种花式琢型
(a)椭圆形明亮型;(b)水滴形明亮型;(c)垫形明亮型;(d)盾形明亮型;(e)心形明亮型;
(f)橄榄形明亮型;(g)公主型;(h)祖母绿型;(i)梯型;(j)上丁方型;
(k)双面玫瑰型;(l)单玫瑰型;(m)百日红型;(n)长方型

图 5-3 圆钻和 6 种常见花式钻

第二节　圆明亮式琢型钻石的切工评价内容和方法

一、圆明亮式琢型钻石的各部分名称及比例

圆明亮式琢型，又称为标准明亮式琢型，由冠部、腰棱和亭部3个部分组成，共计57～58个面（图5-4）。冠部共计33个刻面，由1个呈正八边形的台面、8个呈三角形的星小面、8个呈四边形的上主小面（或称为冠部主刻面、风筝面）和16个上腰小面组成。亭部共计24～25个刻面，其中8个是呈尖棱状的下主小面（或称为亭部主刻面），其余16个是下腰小面，亭部还可能有1个底小面。腰部实际上是一个很扁的圆柱体。

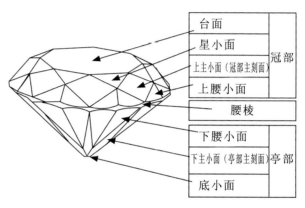

图5-4　圆明亮式琢型的各部分名称

圆明亮型钻石的比例是指各部分的长度（或高度）相对于腰棱平均直径的比例（图5-5），通常用百分数来表示。在切工评价中，要加以考虑的有以下5项比例参数。

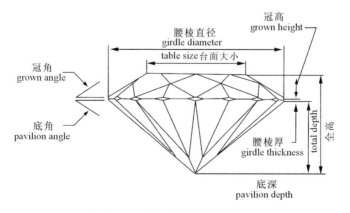

图5-5　圆明亮式琢型的比例

1.台面大小(台宽比)

台面大小,指的是台面八边形对角线的距离(图5-6)。

2.冠部高度

通常不直接测量冠部高度,而是用冠部角度(冠角)的大小来代替冠高,冠角是冠部主刻面与腰棱平面之间的夹角。

3.亭部深度(亭深比)

亭部深度,指的是下腰缘至底尖之间的距离。

4.腰棱厚度(腰厚)

腰部厚度,指的是上腰小面与下腰小面之间的最窄部位的厚度,共有16个位置,一般选最窄和最宽作为腰厚的范围。

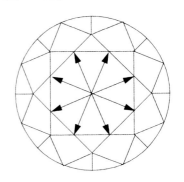

图5-6 圆钻台面宽度示意图

5.底小面大小(底尖比)

这些参数是最基本的比例参数,其他的参数,例如亭部角度和全深百分比,都可以从这5项参数求得。由这5项比例参数可以确定钻石各个部分的相对大小,也可以确定主要刻面的角度,并由此唯一地确定圆钻轮廓的几何形态,达到圆钻比例评价的目的。

二、钻石的切工对光学效应的影响

钻石之所以受到人们的喜爱,是因为钻石光芒四射,也就是说钻石具有极好的明亮度。钻石的明亮度并不是与生俱来的,它必须经过切磨才能显现出来。钻石的明亮度包括3个光学特征,即亮度、火彩和闪烁。

1.亮度

亮度,是指从冠部观察时看到的由于钻石刻面反射而导致的明亮程度,包括外部亮度和内部亮度。外部亮度即光泽,与折射率和抛光质量有关。折射率高并经过良好抛光的宝石显示强光泽。钻石的折射率为2.42,因此具有金刚光泽。内部亮度,主要是亭部刻面的反光,是钻石亮度的主要组成部分,取决于钻石的切工比例和透明度。下面讲讲内部亮度产生的原理。

从几何光学可知,当光线从光密介质(折射率较大的媒质)进入光疏介质(折射率较小的媒质)时,光线偏离法线折射,这时的折射角大于入射角。当入射角增加到折射线沿两介质之间的分界面通过时,即折射角达到90°,这时的入射角称为临界角。如果入射角大于临界角,光线将发生全内反射,并遵循反射定律,留在光密介质中。适当的钻石亭部刻面角度可以使从钻石冠部进入的入射光经过钻石多次全内反射后再次从冠部射出,形成了内部亮度,从而使钻石熠熠生辉。相比之下,切工比例不合适时,钻石就会产生"漏光"现象,即入射光从亭部刻面折射出去,这时钻石会给人以呆板、有暗域的感觉(图5-7)。

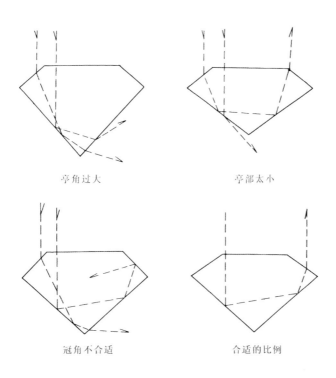

图5-7 钻石各主要刻面的角度对产生内部亮光的影响

2. 火彩

色散,指的是白光通过透明物体的斜面时,被分解成不同波长组成光(单色光)的现象。由此形成的光谱色,被称为"火彩"。色散值越大的宝石,其火彩也越强。钻石的色散值为0.044,是火彩较强的宝石。

但是,不同切工比例的钻石,所显现的火彩的强度并不一样。据研究表明,当光线垂直钻石台面照射时,只有冠部小刻面才产生火彩(图5-8),其强弱受到台面和冠部小刻面的相对大小及冠部角度大小的影响。通常,较小台面的圆明亮式琢型钻石能产生较强的火彩,但会损失一些亮度;而较大台面的圆明亮式琢型钻石能产生较大的亮度,但会损失一些火彩(图5-9)。所以,火彩和亮度是一对矛盾体,互为消长,没有任何一种钻石琢型的火彩和亮度能同时达到最大值。

因此,不同的国家和地区在针对不同切工比例的钻石时,由于对火彩和亮度的喜好不同,会出现各个地区所各自认同的"理想比例",这些比例的差异之一就在于台面和冠部小刻面的相对大小、以及冠部角度大小稍有变化。

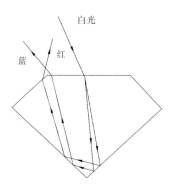

图5-8　钻石的冠部小刻面才产生火彩

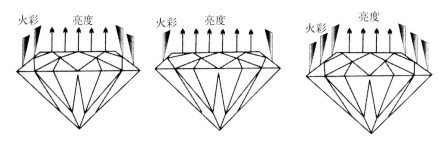

图5-9　钻石亮度与火彩的关系

3.闪烁

闪烁是指当钻石或光源或观察者移动时,钻石的刻面由于对光的反射而发生明暗交替变化的现象。闪烁效果的强弱与钻石刻面的大小和数量有关。如果刻面太小,肉眼无法分辨出各个刻面,就看不出闪烁的效应。例如,如果钻石很小,磨成57个刻面的圆明亮式琢型的闪烁效应,反而不如磨成17个刻面的简化琢型好。另一方面,如果钻石很大,标准的58个刻面琢型就可能显得单调,闪烁效果不足。所以,有些大钻的刻面可达100多个。此外,刻面的排列和角度也很重要。

三、圆明亮式琢型钻石切工评价的内容和方法

最佳的明亮度是现代钻石切磨所追求的目标。影响钻石光学特征的主要因素,一方面取决于钻石的光学性质,如折射率和色散率,这是固定不变的常数,更重要的是取决于钻石的切工,即切工评价重点考察的内容,有以下两大项。

(一)比例

1. 比例的定义

比例(亦称之为比率)是指以腰的平均直径为百分之百,其他各部分相对它的百分比(图 5-10)。

平均直径。直径是指钻石腰部水平面的直径,其中最大值称为最大直径,最小值称为最小直径,二者的算术平均值称为平均直径。

比例主要包括以下几个比值:

- 台宽比:台面宽度相对于平均直径的百分比,
  台宽比= 台面宽度/平均直径(ab)*100%。
- 冠高比:冠部高度相对平均直径的百分比,
  冠高比=冠部高度(hc)/平均直径*100%。
- 腰厚比:腰部厚度相对平均直径的百分比,
  腰厚比=腰部厚度(hg)/平均直径*100%。
- 亭深比:亭部深度相对平均直径的百分比,
  亭深比=亭部深度(hp)/平均直径*100%。
- 底尖比:底尖直径相对于平均直径的百分比,
  底尖比=底尖直径/平均直径*100%。
- 全深比:全深相对于平均直径的百分比,
  全深比=全深(ht)/平均直径*100%。
- 星刻面长度比:

星刻面长度比=星刻面顶点到台面边缘距离的水平投影/台面边缘到腰边缘距离的水平投影*100%

- 下腰面长度比:

下腰面长度比=相邻两个亭部主刻面的联结点,到腰边缘上最近点之间距离的水平投影/底尖中心到腰边缘距离的水平投影*100%。

(二)修饰度

包括对称性和抛光质量。对称性是光线按所设计的刻面角度进行反射和折射的保证,不良的对称性也会减弱明亮度;抛光质量,即光洁度,抛光不良,也会严重影响明亮度。

(三)评价方法

钻石切工评价的方法有两种,分别适用于钻石切工评价的不同内容(表 5-1)。

1. 目视法

目视法是使用 10 倍放大镜,用眼睛直接估测圆钻的各部分比例。

在国标 GB/T16554－2010 钻石分级中,删除了切工比率测量方法有关"目测法"的相关内容,特别是用肉眼和 10 倍放大镜对钻石各部分比例的目估测量,但是在学习钻石的切工分级中,还应该掌握目视法这种方法,特别是在钻石的贸易中,尤其实用。

2．实测法

实测法是使用钻石比例仪等仪器设备,对各测量项目进行测量。

表 5－1 切工评价的内容及方法

切工评价内容		方法 目视法	实测法
比例	腰棱直径	不适用	适用
	台面大小	适用	适用
	冠部高度(冠角)	适用	适用
	亭部深度	适用	适用
	腰棱厚度	适用	适用
	底小面大小	适用	不适用
	全深	不适用	适用
修饰度	对称性	适用	适用
	抛光质量	适用	不适用

目视法方便、快捷、直观,尤其当镶嵌钻石无法用钻石比例仪测量时。而各种测量仪器虽然能准确地度量钻石的比例和对称性,但方法相对复杂,且不便携带。因此,掌握目视法非常有必要,本书重点介绍目视法。

四、现代圆明亮式琢型钻石比例的评价标准

在圆明亮式琢型钻石的评价内容中,修饰度的评价争议性不大,争议的焦点多集中在圆钻的比例上。如前所述,在圆钻的比例问题上,没有产生一个大家都认同的共同标准,在不同的区域,钻石分级所执行的标准有所差异,出现了多个所谓的"理想琢型"(图 5－10)。

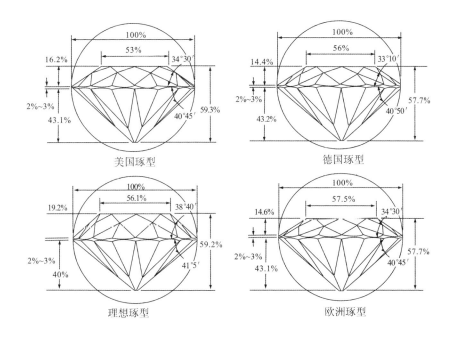

图 5-10 不同区域的"理想琢型"

美国人米歇尔·托尔可夫斯基(Marcel Tolkowsky)是现代圆明亮式琢型的奠基人。1919年,他根据光学原理,经过数学计算,设计出理想的圆明亮式琢型,在美国被广泛采用,因而被称为"美国琢型"。1926年,约翰逊(Johnson)和罗斯(Rosch)也提出圆明亮式琢型的设计方案,称为"理想琢型",但由于该琢型的冠部较高、亭部较浅,一直未被人们普遍采用。1949年,艾普洛(W. F. Eppler)在德国推出圆明亮式琢型的设计,在欧洲被广泛采纳,称为"德国琢型"或"实用完美琢型"。1967年,斯堪的纳维亚钻石委员会提出另一套理想的比例和角度作为切工分级的标准,也称为"欧洲琢型"。

由于上述各琢型的标准不一致,导致了世界上不同分级体系中对切工评价的分歧最多。GIA、IDC、HRD和我国国标都明确地提出了切工比例分级标准,并提出了极好、很好、好、一般、差的等级评价规则;CIBJO则没有类似的等级规定,倾向于描述钻石的比例和修饰度,但不评价。

圆钻的最佳比例虽然没有取得一致的意见,但是,对差的比例却有共识。例如,亭部过浅的"鱼眼石"和亭部过深的"块状石"都是比例不好的典型例子,因为这类琢型钻石的明亮度受到极大影响,在钻石评价时要在备注中注明。

我国在进行钻石切工评价时,依据的是钻石分级国家标准(GB/T 16554—2010)。

第三节　圆明亮式琢型钻石比例的评价方法

一、目视法评价比例的方法和注意事项

(一)台宽比的评价

台宽比,即台面大小与腰棱直径的比例,而台面大小是指八边形台面对角线的距离。台宽比的评价有两种常用的方法,即比例法和弧度法。其中,比例法比较准确,推荐使用,而弧度法由于受到钻石对称性缺陷的限制,往往不是很准确。

1. 比例法

台宽比比例法,就是利用台宽比的定义,直接估测台面半径与腰棱半径的比例,从而确定台宽比大小。

具体步骤是:①视线垂直于台面,将底尖调整至腰围中央;②把底尖(即图5—11中的A点)、台面与上主小面的交点(B点)以及上主小面与腰棱的交点(C点)用一条想象的直线连接起来;③估计台面半径(即AB线段)占整个腰棱半径(即AC线段)的百分比,即为台宽比。

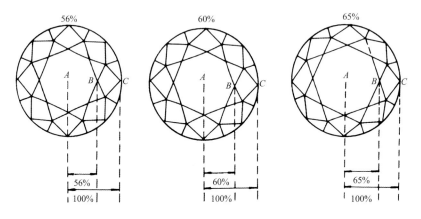

图5—11　台宽比比例法

台宽比比例法注意事项:

(1)当台面偏心时,可以选择相对没有偏移或偏移较小的方向,即与偏心方向大致垂直的方向进行估测。

(2)当底尖偏心时,可通过摆动圆钻,使底尖移至腰围中心(台面中心)再进行估测。

2.弧度法

台面是一个八边形,以它的一条边作底的 8 个星小面本来不在一个平面内,但垂直台面观察时,可以将台面和 8 个星小面看成是两个呈 45°交错重叠的"正方形"(图 5-12)。弧度法就是依据这两个"正方形"的 8 条边的弧度大小来确定台宽比。

图 5-12　台面和星小面构成的"正方形"示意图

具体步骤是:①视线垂直于台面,将底尖调整至腰围中央;②集中注意力观察"正方形"边的弧度大小,从而确定台宽比大小。遵循的原则是,当边为直线时,说明台宽比为 60%;当边稍有内弯时,台宽比约为 58%;当边明显内弯时,台宽比约为 54%;当边稍有外拱时,台宽比约为 62%;当边明显外拱时,台宽比约为 66%,依此类推(图 5-13)。

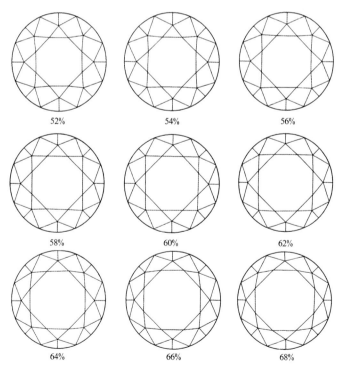

图 5-13　不同台宽比的圆钻冠部投影图

台宽比弧度法注意事项：

(1)如果星小面的高度与上腰小面的高度不是1:1时,将会影响8条连线的状况,要对初步结论进行适当修正,否则将会得出错误的结论。例如,图5－14所示的3个具有明显不同弧度的"正方形"的台面,其台宽比其实是一样的。其中,(b)图明显内弯,是由于星小面的高度大于上腰小面的高度,(c)图明显外拱,是由于星小面的高度小于上腰小面的高度。所以,在使用弧度法时,一定要对星小面和上腰小面的高度进行观察比较。当两者不等大时,根据两者的相对大小进行修正,参见表5－2。如果星小面与上腰小面的大小比例介于上述的比例之间,则可采用内插法,取1％～5％的数值。

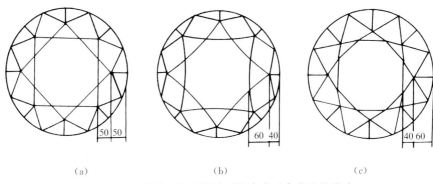

(a)　　　　　　　　(b)　　　　　　　　(c)

图5－14　星小面与上腰小面的高度对台宽比的影响

表5－2　台宽比修正值

星小面高度:上腰小面高度	2:1	1.5:1	1:1.5	1:2
台宽比修正值	＋6％	＋3％	－3％	－6％

(2)当由于星小面大小不均匀或台面偏移中心等对称性上的缺陷,造成正方形不同的边具有不同的弧度时,可采用对不同拱曲程度的边分别估测出相应的台宽比后,进行平均,以平均值作为台宽比。

(3)观察时,视线一定要垂直于台面,且正好位于台面的中央,此时,底尖应在视域的中心。否则,也会造成上述正方形边出现不同程度拱曲的假象。

(二)冠角的评价

有两种常用的目测法,即正视法和侧视法。

1.正视法

冠角正视法,是利用亭部下主小面在八边形台面的一个顶角与冠部上主小面连接点处的影像宽度之比,来估测冠角大小的方法。

具体步骤是：①正视钻石，透过台面，观察一个下主小面的影像被台面边线截断位置上的宽度（图5-15中的B），接着观察同一下主小面的影像与上主小面边线相交的位置上的宽度（图5-15中的A）；②判断B与A的比值大小，从而估测出冠角的大小。冠部角越小，A与B的差异也越小，下主小面的影像也越连续；冠部角越大，则越不连续。

估测的参考原则是当$B:A=1:1$，即下主小面影像几乎是连续的时，说明冠角约为25°；当$B:A=1:1.2$时，说明冠角约为30°；当$B:A=1:2$时，说明冠角约为35°；当影像在冠部上主小面变成梭镖状时，说明冠角约为40°，此时可以叫做发生"脱节现象"，此现象的产生是因为冠角越大，上主小面越陡，它对光线的偏折越强，使垂直于台面方向的光线经上主小面折射后，更偏向亭部的底尖位置（图5-16）。

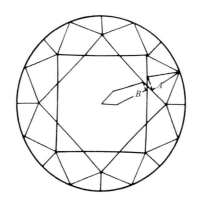

图5-15　下主小面的影像被台面边线截断位置上的宽度（B）和它与上主小面边线相交位置上的宽度（A）

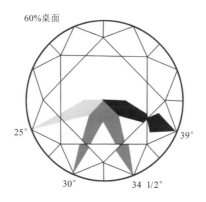

图5-16　正视法评估圆钻的冠角（台宽比为60%时）

冠角正视法注意事项：

(1)要注意台宽比大小的影响(表5-3)。上述步骤中原则的前提是钻石的台宽比为60%。当台面越小，或亭部越深，视线就越偏向底尖。例如，当台面大小比例为66%，冠角为30°时，就可以看到相当于台面大小比例为60%、冠角为25°时的图像(图5-17)。

表5-3 冠高百分比与冠角及台宽比的关系

冠高比(%)		台宽比(%)								
		52	54	56	58	60	62	64	66	68	70
冠角(°)	26°	11.7	11.2	10.7	10.2	9.8	9.3	8.8	8.3	7.8	7.3
	28°	12.8	12.2	11.7	11.2	10.6	10.1	9.6	9.0	8.5	8.0
	30°	13.8	13.3	12.7	12.1	11.5	11.0	10.4	9.8	9.2	8.7
	32°	15.0	14.4	13.7	13.1	12.5	11.9	11.2	10.6	10.0	9.4
	34°	16.2	15.5	14.8	14.2	13.5	12.8	12.1	11.5	10.8	10.1
	36°	17.4	16.7	16.0	15.2	14.5	13.8	13.0	12.4	11.6	10.9
	38°	18.8	18.0	17.2	16.4	15.6	14.8	14.1	13.3	12.5	11.7
	40°	20.1	19.3	18.5	17.6	16.8	15.9	15.1	14.3	13.4	12.6

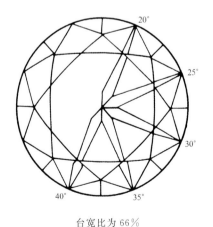

台宽比为66%

图5-17 正视法评估圆钻的冠角(台宽比为66%时)

（2）由于对称性的缺陷，各个上主小面的角度可能会有所不同，因而有必要多观察和估测几个冠角的数值，取其平均值。对称性缺陷还会引起下主小面与上主小面的错位，这时下主小面的影像会偏离台面正八边形的角顶，并且与透过上主小面观察的下主小面影像错开，使得比较两边的宽度或大小较为困难（图5-18）。

2.侧视法

冠角侧视法，是用镊子垂直夹持钻石，在10倍放大镜下从侧面观察，估计上主小面与腰棱平面所形成的角度大小。

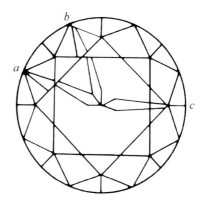

图5-18 对称不佳时出现的情况

a 与 b 可以依下主小面的连续性判断冠角，而 c 下主小面错位过大，不能评估，只能用侧视法

具体步骤是：①把钻石台面朝下平放在工作台上，镊子垂直于台面夹住钻石的腰棱，并且要夹在下主小面与腰棱相交的位置上，这个位置也是上主小面与腰棱相接触的位置，还有一种夹持方式就是平行于腰棱夹持，但此方法易损坏底尖，不推荐使用；②用垂直夹持的方式，将钻石反转过来，使台面朝上，这时镊子内壁与腰棱平面成90°，上主小面正好形成圆钻侧面轮廓的边[图5-19（a）]；③想象中把直角平分成三等份，然后分析上主小面与腰圆形成的角度在整个90°角中的位置，从而估测出冠角的大小[图5-19（b）]。

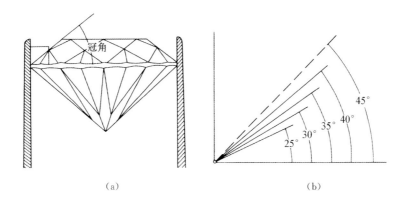

(a)   (b)

图5-19 侧视法目估冠角大小的方法

冠角侧视法注意事项：

当上主小面不在圆钻侧面的轮廓线上，这时有两种解决的办法：其一是放下钻石，重新夹持钻石，只要稍稍变换镊子夹持的位置就可以解决；第二种方法是，假想有一条直线连接腰棱与台面的边缘，估测该假想直线与腰棱所形成的角度，作为冠角的近似值。

（三）亭深比的评价

目估亭深比非常精确，是所有比例参数中目测最准确的参数，分级师的误差一般不会超过1%。测亭深比有3种方法，即台影比法、正视法和侧视法。

1.台影比法

台影比法，是在10倍放大镜下，垂直地通过台面观察台面经亭部刻面反射所形成的影像，根据影像半径与台面半径的比率来确定亭深比。

具体步骤是：①使视线垂直透过台面，将底尖调整到台面中心，找出台面反射影像；②聚焦于亭部刻面，首先寻找星小面的黑色三角形反射影像，然后环视所有的黑色三角形影像（黑色小领结），即可找到环绕着底尖的一个灰色八边形台面影像轮廓；③根据台面影像半径占台面半径的比例，来确定亭深比大小。钻石亭部越深，台面影像越大。当台面影像较小，仅占据底尖附近，且不明显时，说明亭深比为40%；当台影比为1/4时，说明亭深比为41%～42%；当台影比为1/3时，说明亭深比约为43%；当台影比为1/2时，说明亭深比约为44.5%；当台影比为2/3时，说明亭深比约为46%；当台影比为4/5时，说明亭深比约为47%；当台影比为1时，说明亭深比约为49%（图5-20）。

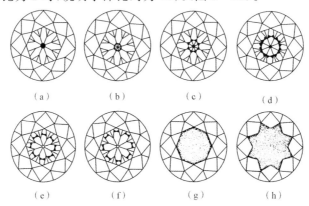

图5-20 台影比法目估亭深比

(a)当台面影像较小时，亭深比为40%；(b)当台影比为1/4时，亭深比为41%～42%；
(c)当台影比为1/3时，亭深比约为43%；(d)当台影比为1/2时，亭深比约为44.5%；
(e)当台影比为2/3时，亭深比约为46%；(f)当台影比为4/5时，亭深比约为47%；
(g)当台影比为1时，亭深比约为49%；(h)当台面影像扩散到星小面时，亭深比大于或等于50%

当亭深比在39%及以下时,会产生漏光现象,完全看不到台面影像,而且在台面边会显出腰棱的映像,称为"鱼眼效应"(图5—21)。当亭深比在49%及以上时,也会发生漏光,且整个台面范围呈灰暗状的阴影,称为"黑底效应"或"块状石"(图5—22)。这时注意不要与亭部过浅的情况混淆,可以用亭部侧视法将两者区分开。

图5—21 鱼眼效应　　　　　　　图5—22 黑底效应

亭深比台面影像法注意事项:

(1)当钻石的对称性有缺陷时,会使星小面的反射影像扭曲变形(图5—23),看不到全部的8个黑色小领结,而只能清楚地看到两三个,这两三个黑领结所在的位置就是台面影像的位置。并据此估计台面影像与台面半径的比率。在观察寻找黑领结时,要稍微地左右摆动钻石,尤其是对称性不好的圆钻,在摆动过程中才能发现黑领结。

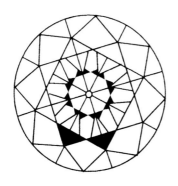 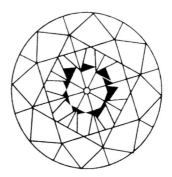

无对称性偏差的星小面影像　　　变形的星小面影像

图5—23 钻石对称性偏差造成的星小面影像变形现象

(2)台影比主要随亭深变化而变化,其次还受台宽比大小的影响。当台面大于57%时,同时亭深小于45%时,根据台面影像估测的亭深比实际的亭深要大一些,最大可达1.5%,因此需要对结果进行修正,修正方法见表5-4。首先估测台宽比,然后按图5-20根据观察到的台面影像估测亭深比,从表5-4中查出对应的亭深修正值,计算出实际亭深比。例如,有一钻石观察到其台影比为1/2,据图5-20,得出其亭深比为44.5%,该钻石的台宽比为65%,查表5-4得亭深比修正值为-1%,实际的亭深为44.5%-1%=43.5%。

表5-4 亭深比修正值

估测亭深(%)		42	43	44.5	45.5	46	47	48	49
台宽比(%)	70.0	-2	-2	-2	-2	-1	-1	-1	-1
	67.5	-1.5	-1.5	-1.5	-1.5	-1	-1	-1	-0.5
	65.0	-1.5	-1	-1	-1	-1	-1	-0.5	0
	62.5	-1	-1	-1	-1	-1	-1	-0.5	0
	60.0	-0.5	-0.5	-0.5	-0.5	-0.5	-0.5	-0.5	0
	57.5	-0.5	-0.5	-0.5	-0.5	-0.5	-0.5	-0.5	0

2.侧视法

在10倍放大镜下,从侧面平行于腰棱平面方向观察圆钻,可以看到腰棱经亭部刻面反射后形成的两条或一条亮带(图5-24)。亮带出现的位置及其间的比值($h_1:h_2$)与亭深大小有关(图5-25)。一般来说,h_2变化不大,主要是根据h_1的大小来确定钻石亭部过深还是过浅。

图5-24 侧面观察钻石,两阴影带为腰棱的映像

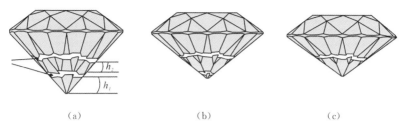

图 5-25 侧视法估测亭深比

(a)亭深比大,h_1 明显,h_1 与 h_2 的比值大;(b)亭深比小,h_1 小;

(c)亭深比更小时,第一条亮带消失,出现鱼眼现象

亭深比侧视法注意事项:

观察时也许会发现,亮带本身的宽度、明亮度、形态会因不同的钻石样品而不同。这是因为,不同的钻石会有不同状况的腰棱,有的薄,有的厚,有的抛光,有的粗糙,而亮带是腰棱的影像,所以也会有各自的特征。

(四)腰厚比的评价

成品钻石的腰棱厚度对钻石整体切工美感不会造成很大影响。但太薄或太厚的腰棱不利于镶嵌,太薄的腰棱经不起碰撞或受压;腰棱太厚的钻石看起来比同等质量但腰棱稍薄的钻石要小很多;腰棱太厚还可能漏光,降低钻石亮度。因此,切工好的钻石应该腰棱厚度适中。

由于加工工艺的不同,钻石腰棱共有 3 种状况,即打磨腰棱、抛光腰棱和刻面腰棱(图 5-26)。打磨腰棱,是用车钻机加工而成的,腰棱表面粗糙不光亮,通常呈灰白色,不透明,这是最常见的腰棱状况;抛光腰棱,是用光边机在钻石微粉磨轮上加工而成的,腰棱表面透亮、光整,往往是作为对存在对称性缺陷的钻石进行的一种修补行为;刻面腰棱,是用磨钻机手工加工而成的,腰棱呈现多个刻面,光洁、透亮,但刻面大小通常不等大,往往是由于钻石腰围太厚或腰部有瑕疵,不得已而为之的修补处理方式。

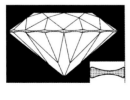  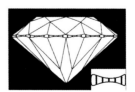

打磨腰棱　　　　　抛光腰棱　　　　　刻面腰棱

图 5-26 钻石腰棱的 3 种类型

目视评价时,钻石侧夹,或者台面与底小面相对夹持,视线平行于腰棱平面,用10倍放大镜和肉眼分别观察腰棱一周,以整个腰棱的主要厚度作为该钻石的腰棱厚度,然后根据表5—5和图5—27,把腰棱厚度划分为极薄、很薄、薄、稍厚、厚、很厚和极厚7个级别。

表5—5 腰棱厚度的划分与定义

腰棱厚度术语	级别	百分比(%)	实际厚度(mm)	描述定义	
				10倍放大镜	肉眼
极薄(刀口)	中	<0.5	<0.035	呈刀刃状	不可见
很薄	良好	0.5~1.5	<0.10	细的线状	几乎不可见
薄	优	1.5~2.5	<0.20	窄的宽度	难见
稍厚	优	3~4.5	<0.30	清晰的宽度	细线状
厚	良好	5~7.5	<0.50	明显的宽度	窄的宽度
很厚	中	8~10	<0.75	不悦目的宽度	清晰的宽度
极厚	差	>10	>0.80	非常不悦目的宽度	明显的宽度

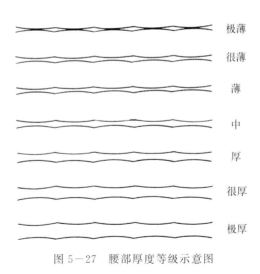

图5—27 腰部厚度等级示意图

腰厚比评价注意事项:

(1)对于厚度不均匀的腰棱(图5—28),不能只评价某一特定位置上的腰棱厚度,而应该对腰棱的主体厚度进行评价。对存在各处腰厚不一的现象,则归为对称性缺陷,在修饰度中进行考虑和评价。对存在极薄的刀口状腰棱,可以酌情在备注中说明,以提醒镶嵌师给予注意。

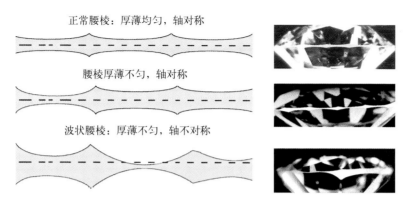

图5—28　腰棱切工质量的3种情况

(2)虽然在分级标准中也列出腰厚的百分比,但是这些数值是以1ct大小的钻石为标准的。如果钻石更大,则腰厚的百分比就要减小。如果比例固定,那么钻石越大,腰棱的实际厚度就越大,超过耐用性的要求,会产生更多的漏光。

(五)底小面的评价

底小面是钻石所有刻面中最小的一个刻面,它对钻石的明亮度影响也较小。但如果底小面太大,会造成漏光,降低钻石的亮度;反过来,如果底小面太小,呈点状,又很容易破损,形成白色的小破口。因此,保留一个合适大小的底小面很有必要。

目视评价时,台面朝上,视线垂直台面,底小面按大小可划分为以下6个级别(图5—29)。

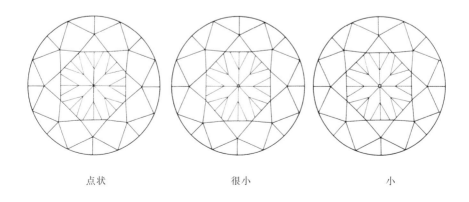

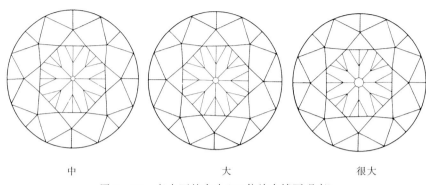

中　　　　　　大　　　　　　很大

图 5-29　底小面的大小(10 倍放大镜下观察)

1. 点状

没有底小面，底尖就像一个小的白点。

2. 很小

在 10 倍放大镜下，可以看到存在底小面，但底小面的形状难以辨认，底尖大小百分比通常小于 1%。

3. 小

在 10 倍放大镜下，勉强看到一个小平面，底尖大小百分比通常约为 1% 左右。

4. 中

在 10 倍放大镜下，可以看到一个八边形的底小面，但肉眼看不到，底尖大小百分比通常约为 1%~2%。

5. 大

肉眼也能看到一个八边形的底小面，底尖大小百分比通常约为 2%~4%。

6. 很大

肉眼能看到一个较大的八边形底小面，底尖大小百分比通常大于 4%。

估计底小面实际大小的注意事项：

(1) 如果遇到由于底小面太尖而破损成小破口的情况时，不要在比例中评价，而将其视为净度特征，根据其受损的程度，当作内部特征或者外部特征，在净度评价中加以考虑。

(2) 在钻石分级证书中，有时还见到"未抛光底小面"或"粗糙底小面"等评注，这是分别指经抛光或抛光极差的底小面或者受到磨损的底小面。这些特征也不是比例评价的内容，而在钻石的抛光质量或损伤等方面评价时给予考虑。

(六)圆钻比例综合评价举例

(a)　　　　　　　　　　　　(b)

(c)　　　　　　　　　　　　(d)

(e)　　　　　　　　　　　　(f)

图5-30 圆钻比例综合评价举例（台宽比—亭深比—冠角）

(a)61.5%—41.5%—36°； (b)60%—43%—34°；
(c)54%—43%—34.5°； (d)58.5%—43%—34°；
(e)60.5%—43.5%—35.5°； (f)62%—44%—34.5°；
(g)62.5%—43.3%—34°； (h)63%—43%—35.5°；
(i)59%—45.5%—33°； (j)64%—44.5%—35°

二、实测法评价比例的方法和注意事项

(一)测量项目及测量方法

规格测量项目(表5-6)。

1. 规格

规格：精确到0.01mm。

表5-6 规格测量项目

规格测量项目	最大直径	最小直径	全深
精确至（单位：毫米 mm）	0.01	0.01	0.01

2. 比例

比例:各部分比率测量值保留原则如表5-7所示。

表5-7 各部分比率测量值

比例测量项目	台宽比	冠高比	腰厚比	亭深比	全深比	底尖比	星刻面长度比	下腰面长度比
保留至	1%	0.5%	0.5%	0.5%	0.1%	0.1%	5%	5%

另外,冠角 单位:度(°),保留至0.2。

亭角 单位:度(°),保留至0.2。

3. 测量方法

仪器测量法:使用全自动切工测量仪以及各种微尺、卡尺,直接对各测量项目进行测量。

(二)用钻石比例仪测量钻石的比例

测量钻石比例的常规仪器是钻石比例仪。这是一种轮廓投影仪,由投影屏幕、投影放大装置和样品夹具3部分组成。投影屏幕有两个,一个用来测量1.25ct以下的钻石,另一个用来测量1.25ct和8ct之间的钻石。其原理是通过投影图与屏幕上的标准图形及标尺的关系来测量成品钻石的比例和主要对称性偏差。

钻石比例仪的使用步骤是:①根据钻石大小,选择合适的投影屏幕,打开电源和投影屏幕开关。②把清洗干净的钻石放入钻石比例仪的夹具,将底尖放在下夹杆的空洞中,上夹杆顶住台面。③将夹好钻石的夹具放在比例仪的光源上方的载物台上。④通过调节物镜,使钻石清晰地投影到屏幕上。为了使钻石的投影落在屏幕的图案上,并与图案重合,可以移动物镜下的夹具调整钻石,也可以转动下夹杆的手轮,带动钻石转动,并随时转动放大手轮调整钻石投影的大小,使投影的腰棱与屏幕上模板的腰棱完全重合,并且保证在所有测试过程中都保持此基准。⑤开始测量,在测量某一项目时,取4~8个测试结果的平均值作为测量值。

1.测量台宽比

移动屏幕,使屏幕腰棱线上的台面刻度尺与钻石投影的台面重合(图5-31),标尺两端读数即是台宽比。如果台面两端的读数不相等,意味着对称性出现偏差,出现了台面偏离中心,这时,要取两值的平均值作为一次测量结果。转动钻石样品,依次测量4个对角的台宽比,取其平均值作为台宽比的最后结果。如果台面线与刻度尺无法重叠,意味着钻石出现了台面倾斜。

2.测量冠高比

将屏幕恢复到基准位置,钻石腰部直径必须调整到100%处,然后将钻石投影图右侧冠部上主小面与屏幕上轮廓图冠部主要刻面的边缘对齐。要始终保持钻石的台面平行于屏幕上的顶面线。从右侧倾斜的线性标尺上读数,得出冠高比。注意此处线性标尺的每个刻度为1%,如图5-32中测得的冠高比为13%。如此反复8次,取其平均值。

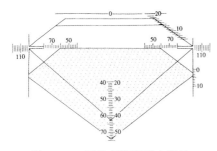 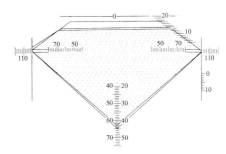

图5-31 用比例仪测量台宽比　　　　图5-32 用比例仪测量冠高比
　　图示的台宽比为60%　　　　　　　　图示的冠高比为13%

3.测量亭深比

将屏幕恢复到基准位置,钻石腰部直径必须调整到100%处,然后使屏幕上轮廓图的亭部左右上角与钻石亭部投影的左右上角对齐,用中央的垂直标尺的右侧刻度(左侧刻度为全深比的读数)来测量底尖(或底小面)阴影所达到的数值(图5-33)。转动钻石,测出8个数值,取平均值作为钻石的亭深比。

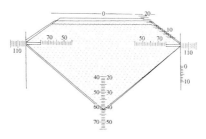

图5-33 用比例仪测量亭深比
图示的亭深比为43%

4.测量腰厚比

在测量台宽比的同时,可以测量出腰厚比。方法是读台宽比的同时,读出右边垂线上钻石腰部阴影所占的刻度数即可。这时腰棱厚度是在腰棱最宽的位置上的量度,与目视法评估的位置不同。转动钻石,测出8个数值,取平均值作为钻石的腰厚比。

5.测量底小面大小

测量底小面,可以使用目镜刻度上的参考圆圈。这时要使用适当的放大率和刻度圆圈。表5-8所示的是某些目镜圆圈的大小与所使用的放大率的关系。这些参考圆圈在其他放大率时的大小,可在本表中的数值基础上用内插法推算得到。

表5-8 目镜度量圆的大小与物镜放大率间的关系

大小尺寸(μm) 物镜放大率 目镜度量圆	1	1.1	1.2	1.4	1.6	2	2.2	2.5	2.8	3	3.2	4
4○5	100	90	85	70	65	54	50	40	35	33	30	25
8○9	400	365	335	285	250	200	185	160	145	135	125	100
12○13	1 600	1 455	1 335	1 140	1 000	800	730	640	570	535	500	400

钻石比例仪实测法注意事项:

(1)钻石投影的腰棱两端要求正好与台面刻度尺两端的垂线重合。由于钻石存在对称性问题,或者加工误差的问题,在转动钻石或移动钻石之后,腰棱投影的大小也可能发生变化。一旦出现变化,就要加以调整,使得在测量过程中的每一次读数都在投影达100%的条件下进行,这样才能保证数据的可靠性。

(2)钻石冠部投影的梯形图像的斜边必须正好成一条直线,而不能是两条折线,否则,所测量的台宽比不代表台面直径的百分比。如果斜边不是一条直线,可以转动夹具下夹杆的手柄,使钻石略为转动,即可达到要求。

(三)用钻石比例镜测量钻石的比例

在宝石显微镜上装上特制的、具有读数标线尺的目镜,也可以较准确地测量钻石的比例。测量的方法与钻石比例仪相似,但操作时要移动的是钻石的位置,而不是屏幕。并且由于移动距离很小,必须配以机械移动装置,使用不是十分便利。由于目镜上刻画的微标尺型号各不相同,因此测量步骤也不一样。图5-34是用HRD比例镜测量钻石的台宽比、冠高比和腰厚比的图。

(四)用微尺测量钻石的比例

用各种微尺也可以测量钻石的比例,常用的微尺有高精度卡尺和台面量尺。

高精度卡尺包括游标卡尺、螺旋千分尺、数显示卡尺等。精度一般不低于0.001mm,主要用于测量钻石的直径和全深。

台面量尺是用硬质胶片制成的一种微尺(图5-35)。它是在胶片上贴了一个1cm长的刻度,以1mm和0.1mm为单位划分的线性尺子,借助放大镜或显微

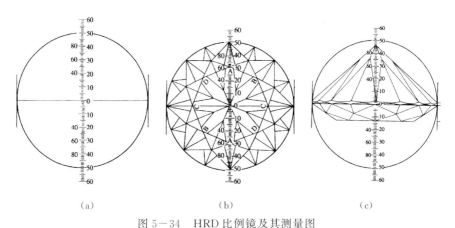

图 5-34　HRD 比例镜及其测量图
（a）HRD 比例镜；（b）台宽比测量（60%）；（c）冠高比（13%）和腰厚比（2%）测量

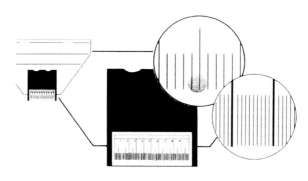

图 5-35　台面量尺

镜一起使用。

（五）自动钻石测量仪

自动钻石测量仪（Dia－Mension）是一种相当新式的电子仪器，能够测量并评价钻石的切工，甚至可以对原石进行设计并给出加工后的成品钻石的参考数据。该仪器用计算机控制，可以在几秒钟内完成对钻石的测量和切工评价，结果精确。

三、钻石切工比例的评价

对于钻石的切工比例评价，GB/T16554－2010《钻石分级标准》做了严格的规定。依据各台宽比条件下，冠角（α）、亭角（β）、冠高比、亭深比、腰厚比、底尖比、全深比、$\alpha+\beta$、星刻面长度比、下腰面长度比等项目确定各测量项目对应的级别；比率级别由全部测量项目中的最低级别表示。针对不同的台宽比情况，综合考虑其他切工指标，钻石的切工比例评价如表 5-9 所示。

表 5-9 钻石的切工比例分级表

台宽比＝44%～49%

	差	一般	差
冠角 α(°)	<20.0	20.0～41.4	>41.4
亭角 β(°)	<37.4	37.4～44.0	>44.0
冠高比(%)	<7.0	7.0～21.0	>21.0
亭深比(%)	<38.0	38.0～48.0	>48.0
腰厚比(%)	—	≤10.5	>10.5
腰厚	—	极薄—极厚	极厚
底尖大小(%)	—	—	—
全深比(%)	<50.9	50.9～70.9	>70.9
α+β(°)	—	—	—
星刻面长度比(%)	—	—	—
下腰面长度比(%)	—	—	—

台宽比＝50%

	差	一般	好	很好	好	一般	差
冠角 α(°)	<20.0	20.0～21.6	21.8～26.0	26.2～36.2	36.4～37.8	38.0～41.4	>41.4
亭角 β(°)	<37.4	37.4～38.4	38.6～39.6	39.8～42.4	42.6～43.0	43.2～44.0	>44.0
冠高比(%)	<7.0	7.0～8.5	9.0～10.0	10.5～18.0	18.5～19.5	20.0～21.0	>21.0
亭深比(%)	<38.0	38.0～39.5	40.0～41.0	41.5～45.0	45.5～46.5	47.0～48.0	>48.0
腰厚比(%)	—	—	<2.0	2.0～5.5	6.0～7.5	8.0～10.5	>10.5
腰厚	—	—	极薄	很薄—厚	很厚	极厚	极厚
底尖大小(%)	—	—	—	<2.0	2.0～4.0	>4.0	—
全深比(%)	<50.9	50.9～59.0	59.1～61.0	61.1～64.5	64.6～66.9	67.0～70.9	>70.9
α+β(°)	—	<65.0	65.0～68.6	68.8～79.4	79.6～80.0	>80.0	—
星刻面长度比(%)	—	—	<40	40—70	>70	—	—
下腰面长度比(%)	—	—	<65	65—90	>90	—	—

台宽比=51%

	差	一般	好	很好	好	一般	差
冠角 α(°)	<20.0	20.0~21.6	21.8~26.0	26.2~36.6	36.8~38.0	38.2~41.4	>41.4
亭角 β(°)	<37.4	37.4~38.4	38.6~39.6	39.8~42.4	42.6~43.0	43.2~44.0	>44.0
冠高比(%)	<7.0	7.0~8.5	9.0~10.0	10.5~18.0	18.5~19.5	20.0~21.0	>21.0
亭深比(%)	<38.0	38.0~39.5	40.0~41.0	41.5~45.0	45.5~46.5	47.0~48.0	>48.0
腰厚比(%)	—	—	<2.0	2.0~5.5	6.0~7.5	8.0~10.5	>10.5
腰厚	—	—	极薄	很薄—厚	很厚	极厚	极厚
底尖大小(%)	—	—	—	<2.0	2.0~4.0	>4.0	—
全深比(%)	<50.9	50.9~58.8	58.9~61.0	61.1~64.5	64.6~66.9	67.0~70.9	>70.9
α+β(°)	—	<65.0	65.0~68.6	68.8~79.4	79.6~80.0	>80.0	
星刻面长度比(%)	—	—	<40	40~70	>70	—	—
下腰面长度比(%)	—	—	<65	65~90	>90	—	—

台宽比=52%

	差	一般	好	很好	极好	很好	好	一般	差
冠角 α(°)	<20.0	20.0~21.6	21.8~26.0	26.2~31.0	31.2~36.0	36.2~37.2	37.4~38.6	38.8~41.4	>41.4
亭角 β(°)	<37.4	37.4~38.4	38.6~39.6	39.8~40.4	40.6~41.8	42.0~42.4	42.6~43.0	43.2~44.0	>44.0
冠高比(%)	<7.0	7.0~8.5	9.0~10.0	10.5~11.5	12.0~17.0	17.5~18.0	18.5~19.5	20.0~21.0	>21.0
亭深比(%)	<38.0	38.0~39.5	40.0~41.0	41.5~42.5	43.0~44.5	45.0	45.5~46.5	47.0~48.0	>48.0
腰厚比(%)	—	—	<2.0	2.0	2.5~4.5	5.0~5.5	6.0~7.5	8.0~10.5	>10.5
腰厚	—	—	极薄	很薄	薄—稍厚	厚	很厚	极厚	极厚
底尖大小(%)	—	—	—	<1.0	1.0~1.9	2.0~4.0	>4.0	—	—
全深比(%)	<50.9	50.9~58.6	58.7~60.7	60.8~61.5	61.6~63.2	63.3~64.5	64.6~66.9	67.0~70.9	>70.9
α+β(°)	—	<65.0	65.0~68.6	68.8~72.6	73.0~77.0	77.2~79.4	79.6~80.0	>80.0	
星刻面长度比(%)	—	—	<40	40	45~65	70	>70	—	—
下腰面长度比(%)	—	—	<65	65	70~85	90	>90	—	—

台宽比＝53%

	差	一般	好	很好	极好	很好	好	一般	差
冠角 α(°)	<20.0	20.0～21.6	21.8～26.0	26.2～31.0	31.2～36.0	36.2～37.6	37.8～39.0	39.2～41.4	>41.4
亭角 β(°)	<37.4	37.4～38.4	38.6～39.6	39.8～40.4	40.6～41.8	42.0～42.4	42.6～43.0	43.2～44.0	>44.0
冠高比(%)	<7.0	7.0～8.5	9.0～10.0	10.5～11.5	12.0～17.0	17.5～18.0	18.5～19.5	20.0～21.0	>21.0
亭深比(%)	<38.0	38.0～39.5	40.0～41.0	41.5～42.5	43.0～44.5	45.0	45.5～46.5	47.0～48.0	>48.0
腰厚比(%)	—	—	<2.0	2.0	2.5～4.5	5.0～5.5	6.0～7.5	8.0～10.5	>10.5
腰厚	—	—	极薄	很薄	薄—稍厚	厚	很厚	极厚	极厚
底尖大小(%)	—	—	—	—	<1.0	1.0～1.9	2.0～4.0	>4.0	—
全深比(%)	<50.9	50.9～58.0	58.1～60.3	60.4～61.3	61.4～63.2	63.3～64.5	64.6～66.9	67.0～70.9	>70.9
α＋β(°)	—	<65.0	65.0～68.6	68.8～72.8	73.0～77.0	77.2～79.4	79.6～80.0	>80.0	
星刻面长度比(%)	—	—	<40	40	45～65	70	>70	—	—
下腰面长度比(%)	—	—	<65	65	70～85	90	>90	—	—

台宽比＝54%

	差	一般	好	很好	极好	很好	好	一般	差
冠角 α(°)	<20.0	20.0～21.6	21.8～26.0	26.2～31.0	31.2～36.0	36.2～38.2	38.4～39.6	39.8～41.4	>41.4
亭角 β(°)	<37.4	37.4～38.4	38.6～39.6	39.8～40.4	40.6～41.8	42.0～42.4	42.6～43.0	43.2～44.0	>44.0
冠高比(%)	<7.0	7.0～8.5	9.0～10.0	10.5～11.5	12.0～17.0	17.5～18.0	18.5～19.5	20.0～21.0	>21.0
亭深比(%)	<38.0	38.0～39.5	40.0～41.0	41.5～42.5	43.0～44.5	45.0	45.5～46.5	47.0～48.0	>48.0
腰厚比(%)	—	—	<2.0	2.0	2.5～4.5	5.0～5.5	6.0～7.5	8.0～10.5	>10.5
腰厚	—	—	极薄	很薄	薄—稍厚	厚	很厚	极厚	极厚
底尖大小(%)	—	—	—	—	<1.0	1.0～1.9	2.0～4.0	>4.0	—
全深比(%)	<50.9	50.9～57.8	57.9～60.0	60.1～61.1	61.2～63.2	63.3～64.7	64.8～66.9	67.0～70.9	>70.9
α＋β(°)	—	<65.0	65.0～68.6	68.8～72.8	73.0～77.0	77.2～79.4	79.6～80.0	>80.0	
星刻面长度比(%)	—	—	<40	40	45～65	70	>70	—	—
下腰面长度比(%)	—	—	<65	65	70～85	90	>90	—	—

台宽比＝55％

	差	一般	好	很好	极好	很好	好	一般	差
冠角 α(°)	<20.0	20.0～21.6	21.8～26.0	26.2～31.0	31.2～36.0	36.2～38.8	39.0～40.0	40.2～41.4	>41.4
亭角 β(°)	<37.4	37.4～38.4	38.6～39.6	39.8～40.4	40.6～41.8	42.0～42.4	42.6～43.0	43.2～44.0	>44.0
冠高比(%)	<7.0	7.0～8.5	9.0～10.0	10.5～11.5	12.0～17.0	17.5～18.0	18.5～19.5	20.0～21.0	>21.0
亭深比(%)	<38.0	38.0～39.5	40.0～41.0	41.5～42.5	43.0～44.5	45.0	45.5～46.5	47.0～48.0	>48.0
腰厚比(%)	—	—	<2.0	2.0	2.5～4.5	5.0～5.5	6.0～7.5	8.0～10.5	>10.5
腰厚	—	—	极薄	很薄	薄—稍厚	厚	很厚	极厚	极厚
底尖大小(%)	—	—	—	—	<1.0	1.0～1.9	2.0～4.0	>4.0	—
全深比(%)	<50.9	50.9～57.5	57.6～59.7	59.8～60.9	61.0～63.2	63.3～64.7	64.8～66.9	67.0～70.9	>70.9
α＋β(°)	—	<65.0	65.0～68.6	68.8～72.8	73.0～77.0	77.2～79.4	79.6～80.0	>80.0	—
星刻面长度比(%)	—	—	<40	40	45～65	70	>70	—	—
下腰面长度比(%)	—	—	<65	65	70～85	90	>90	—	—

台宽比＝56％

	差	一般	好	很好	极好	很好	好	一般	差
冠角 α(°)	<20.0	20.0～21.6	21.8～26.0	26.2～31.0	31.2～36.0	36.2～38.8	39.0～40.0	40.2～41.4	>41.4
亭角 β(°)	<37.4	37.4～38.4	38.6～39.6	39.8～40.4	40.6～41.8	42.0～42.4	42.6～43.0	43.2～44.0	>44.0
冠高比(%)	<7.0	7.0～8.5	9.0～10.0	10.5～11.5	12.0～17.0	17.5～18.0	18.5～19.5	20.0～21.0	>21.0
亭深比(%)	<38.0	38.0～39.5	40.0～41.0	41.5～42.5	43.0～44.5	45.0	45.5～46.5	47.0～48.0	>48.0
腰厚比(%)	—	—	<2.0	2.0	2.5～4.5	5.0～5.5	6.0～7.5	8.0～10.5	>10.5
腰厚	—	—	极薄	很薄	薄—稍厚	厚	很厚	极厚	极厚
底尖大小(%)	—	—	—	—	<1.0	1.0～1.9	2.0～4.0	>4.0	—
全深比(%)	<50.9	50.9～57.3	57.4～59.5	59.6～60.6	60.7～63.2	63.3～64.7	64.8～66.9	67.0～70.9	>70.9
α＋β(°)	—	<65.0	65.0～68.6	68.8～72.8	73.0～77.0	77.2～79.2	79.4～80.0	>80.0	—
星刻面长度比(%)	—	—	<40	40	45～65	70	>70	—	—
下腰面长度比(%)	—	—	<65	65	70～85	90	>90	—	—

台宽比=57%

	差	一般	好	很好	极好	很好	好	一般	差
冠角α(°)	<20.0	20.0~22.2	22.2~26.0	26.2~31.0	31.2~36.0	36.2~38.8	39.0~40.0	40.2~41.4	>41.4
亭角β(°)	<37.4	37.4~38.4	38.6~39.6	39.8~40.4	40.6~41.8	42.0~42.4	42.6~43.0	43.2~44.0	>44.0
冠高比(%)	<7.0	7.0~8.5	9.0~10.0	10.5~11.5	12.0~17.0	17.5~18.0	18.5~19.5	20.0~21.0	>21.0
亭深比(%)	<38	38.0~39.5	40.0~41.0	41.5~42.5	43.0~44.5	45.0	45.5~46.5	47.0~48.0	>48.0
腰厚比(%)	—	—	<2.0	2.0	2.5~4.5	5.0~5.5	6.0~7.5	8.0~10.5	>10.5
腰厚	—	—	极薄	很薄	薄—稍厚	厚	很厚	极厚	极厚
底尖大小(%)	—	—	—	—	<1.0	1.0~1.9	2.0~4.0	>4.0	
全深比(%)	<50.9	50.9~57.0	57.1~58.3	58.4~60.0	60.1~63.2	63.3~64.5	64.6~66.9	67.0~70.9	>70.9
α+β(°)	—	<65.0	65.0~68.6	68.8~72.8	73.0~77.0	77.2~78.8	79.0~80.0	>80.0	
星刻面长度比(%)	—	—	<40	40	45~65	70	>70	—	—
下腰面长度比(%)	—	—	<65	65	70~85	90	>90	—	—

台宽比=58%

	差	一般	好	很好	极好	很好	好	一般	差
冠角α(°)	<20.0	20.0~22.6	22.8~26.0	26.2~31.0	31.2~36.0	36.2~38.2	38.4~40.0	40.2~41.4	>41.4
亭角β(°)	<37.4	37.4~38.4	38.6~39.8	40.0~40.4	40.6~41.8	42.0~42.4	42.6~43.0	43.2~44.0	>44.0
冠高比(%)	<7.0	7.0~8.5	9.0~10.0	10.5~11.5	12.0~17.0	17.5~18.0	18.5~19.5	20.0~21.0	>21.0
亭深比(%)	<38	38.0~39.5	40.0~41.5	42.0~42.5	43.0~44.5	45.0	45.5~46.5	47.0~48.0	>48.0
腰厚比(%)	—	—	<2.0	2.0	2.5~4.5	5.0~5.5	6.0~7.5	8.0~10.5	>10.5
腰厚	—	—	极薄	很薄	薄—稍厚	厚	很厚	极厚	极厚
底尖大小(%)	—	—	—	—	<1.0	1.0~1.9	2.0~4.0	>4.0	
全深比(%)	<50.9	50.9~56.8	56.9~59.1	59.2~59.8	59.9~63.2	63.3~64.5	64.6~66.9	67.0~70.9	>70.9
α+β(°)	—	<65.0	65.0~68.6	68.8~72.8	73.0~77.0	77.2~78.6	78.8~80.0	>80.0	
星刻面长度比(%)	—	—	<40	40	45~65	70	>70	—	—
下腰面长度比(%)	—	—	<65	65	70~85	90	>90	—	—

台宽比＝59%

	差	一般	好	很好	极好	很好	好	一般	差
冠角 α(°)	<20.0	20.0～23.0	23.2～26.6	26.8～31.0	31.2～36.0	36.2～38.2	38.4～40.0	40.2～41.4	>41.4
亭角 β(°)	<37.4	37.4～38.4	38.6～39.8	40.0～40.4	40.6～41.8	42.0～42.4	42.6～43.0	43.2～44.0	>44.0
冠高比(%)	<7.0	7.0～8.5	9.0～10.0	10.5～11.5	12.0～17.0	17.5～18.0	18.5～19.5	20.0～21.0	>21.0
亭深比(%)	<38.0	38.0～39.5	40.0～41.5	42.0～42.5	43.0～44.5	45.0	45.5～46.5	47.0～48.0	>48.0
腰厚比(%)	—	—	<2.0	2.0	2.5～4.5	5.0～5.5	6.0～7.5	8.0～10.5	>10.5
腰厚	—	—	极薄	很薄	薄—稍厚	厚	很厚	极厚	极厚
底尖大小(%)	—	—	—	—	<1.0	1.0～1.9	2.0～4.0	>4.0	—
全深比(%)	<50.9	50.9～56.4	56.5～58.7	58.8～59.6	59.7～63.2	63.3～64.5	64.6～66.9	67.0～70.9	>70.9
α+β(°)	—	<65.0	65.0～68.6	68.8～72.8	73.0～77.0	77.2～78.2	78.4～80.0	>80.0	—
星刻面长度比(%)	—	—	<40	40	45～65	70	>70	—	—
下腰面长度比(%)	—	—	<65	65	70～85	90	>90	—	—

台宽比＝60%

	差	一般	好	很好	极好	很好	好	一般	差
冠角 α(°)	<20.0	20.0～23.6	23.8～27.0	27.2～31.0	31.2～35.8	36.0～37.6	37.8～40.0	40.2～41.4	>41.4
亭角 β(°)	<37.4	37.4～38.4	38.6～40.0	40.2～40.6	40.8～41.8	42.0～42.2	42.4～43.0	43.2～44.0	>44.0
冠高比(%)	<7.0	7.0～8.5	9.0～10.0	10.5～11.5	12.0～17.0	17.5～18.0	18.5～19.5	20.0～21.0	>21.0
亭深比(%)	<38.0	38.0～39.5	40.0～41.5	42.0～42.5	43.0～44.5	45.0	45.5～46.5	47.0～48.0	>48.0
腰厚比(%)	—	—	<2.0	2.0	2.5～4.5	5.0～5.5	6.0～7.5	8.0～10.5	>10.5
腰厚	—	—	极薄	很薄	薄—稍厚	厚	很厚	极厚	极厚
底尖大小(%)	—	—	—	—	<1.0	1.0～1.9	2.0～4.0	>4.0	—
全深比(%)	<50.9	50.9～56.2	56.3～58.0	58.1～58.4	58.5～63.2	63.3～64.5	64.6～66.9	67.0～70.9	>70.9
α+β(°)	—	<65.0	65.0～68.6	68.8～72.8	73.0～77.0	77.2～77.8	78.0～80.0	>80.0	—
星刻面长度比(%)	—	—	<40	40	45～65	70	>70	—	—
下腰面长度比(%)	—	—	<65	65	70～85	90	>90	—	—

台宽比=61%

	差	一般	好	很好	极好	很好	好	一般	差
冠角 α(°)	<20.0	20.0~24.0	24.2~27.6	27.8~32.0	32.2~35.6	35.8~37.6	37.8~40.0	40.2~41.4	>41.4
亭角 β(°)	<37.4	37.4~38.8	39.0~40.2	40.4~40.6	40.8~41.8	42.0~42.2	42.4~43.0	43.2~44.0	>44.0
冠高比(%)	<7.0	7.0~8.5	9.0~10.0	10.5~11.5	12.0~17.0	17.5~18.0	18.5~19.5	20.0~21.0	>21.0
亭深比(%)	<38.0	38.0~40.0	40.5~42.0	42.5	43.0~44.5	45.0	45.5~46.5	47.0~48.0	>48.0
腰厚比(%)	—	—	<2.0	2.0	2.5~4.5	5.0~5.5	6.0~7.5	8.0~10.5	>10.5
腰厚	—	—	极薄	很薄	薄—稍厚	厚	很厚	极厚	极厚
底尖大小(%)	—	—	—	—	<1.0	1.0~1.9	2.0~4.0	>4.0	—
全深比(%)	<50.9	50.9~56.0	56.1~57.7	57.8~58.4	58.5~63.2	63.3~64.5	64.6~66.9	67.0~70.9	>70.9
α+β(°)	—	<65.0	65.0~68.6	68.8~72.8	73.0~77.0	77.2~77.6	77.8~80.0	>80.0	
星刻面长度比(%)	—	—	<40	40	45~65	70	>70	—	—
下腰面长度比(%)	—	—	<65	65	70~85	90	>90	—	—

台宽比=62%

	差	一般	好	很好	极好	很好	好	一般	差
冠角 α(°)	<20.0	20.0~24.6	24.8~28.0	28.2~32.6	32.8~35.0	35.2~36.8	37.0~40.0	40.2~41.4	>41.4
亭角 β(°)	<37.4	37.4~39.0	39.2~40.4	40.6~40.8	41.0~41.6	41.8~42.2	42.4~43.0	43.2~44.0	>44.0
冠高比(%)	<7.0	7.0~8.5	9.0~10.0	10.5~11.5	12.0~17.0	17.5~18.0	18.5~19.5	20.0~21.0	>21.0
亭深比(%)	<38.0	38.0~40.5	41.0~42.0	42.5	43.0~44.5	45.0	45.5~46.5	47.0~48.0	>48.0
腰厚比(%)	—	—	<2.0	2.0	2.5~4.5	5.0~5.5	6.0~7.5	8.0~10.5	>10.5
腰厚	—	—	极薄	很薄	薄—稍厚	厚	很厚	极厚	极厚
底尖大小(%)	—	—	—	—	<1.0	1.0~1.9	2.0~4.0	>4.0	—
全深比(%)	<50.9	50.9~55.7	55.8~57.3	57.4~58.4	58.5~63.2	63.3~64.5	64.6~66.9	67.0~70.9	>70.9
α+β(°)	—	<65.0	65.0~68.6	68.8~72.8	73.0~77.0	77.2~77.4	77.6~80.0	>80.0	
星刻面长度比(%)	—	—	<40	40	45~65	70	>70	—	—
下腰面长度比(%)	—	—	<65	65	70~85	90	>90	—	—

台宽比＝63％

	差	一般	好	很好	好	一般	差
冠角 α(°)	<20.0	20.0～25.0	25.2～28.6	28.8～36.2	36.4～40.0	40.2～41.4	>41.4
亭角 β(°)	<37.4	37.4～38.8	39.0～40.4	40.6～42.0	42.2～43.0	43.2～44.0	>44.0
冠高比(％)	<7.0	7.0～8.5	9.0～10.0	10.5～18.0	18.5～19.5	20.0～21.0	>21.0
亭深比(％)	<38.0	38.0～40.0	40.5～42.0	42.5～45.0	45.5～46.5	47.0～48.0	>48.0
腰厚比(％)	—	—	<2.0	2.0～5.5	6.0～7.5	8.0～10.5	>10.5
腰厚	—	—	极薄	很薄—厚	很厚	极厚	极厚
底尖大小(％)	—	—	—	<2.0	2.0～4.0	>4.0	—
全深比(％)	<50.9	50.9～55.4	55.5～56.8	56.9～64.5	64.6～66.9	67.0～70.9	>70.9
α＋β(°)	—	<65.0	65.2～68.6	68.8～76.8	77.0～80.0	>80.0	—
星刻面长度比(％)	—	—	<40	40～70	>70	—	—
下腰面长度比(％)	—	—	<65	65～90	>90	—	—

台宽比＝64％

	差	一般	好	很好	好	一般	差
冠角 α(°)	<20.0	20.0～25.8	26.0～29.8	30.0～35.8	36.0～40.0	40.2～41.4	>41.4
亭角 β(°)	<37.4	37.4～39.2	39.4～40.6	40.8～42.0	42.2～43.0	43.2～44.0	>44.0
冠高比(％)	<7.0	7.0～8.5	9.0～10.0	10.5～18.0	18.5～19.5	20.0～21.0	>21.0
亭深比(％)	<38.0	38.0～40.5	41.0～42.5	43.0～45.0	45.5～46.5	47.0～48.0	>48.0
腰厚比(％)	—	—	<2.0	2.0～5.5	6.0～7.5	8.0～10.5	>10.5
腰厚	—	—	极薄	很薄—厚	很厚	极厚	极厚
底尖大小(％)	—	—	—	<2.0	2.0～4.0	>4.0	—
全深比(％)	<50.9	50.9～55.2	55.3～56.6	56.7～64.5	64.6～66.9	67.0～70.9	>70.9
α＋β(°)	—	<65.0	65.0～68.6	68.8～76.4	76.8～80.0	>80.0	—
星刻面长度比(％)	—	—	<40	40～70	>70	—	—
下腰面长度比(％)	—	—	<65	65～90	>90	—	—

台宽比＝65%

	差	一般	好	很好	好	一般	差
冠角 α(°)	<20.0	20.0～26.8	27.0～30.4	30.6～35.0	35.2～40.0	40.2～41.4	>41.4
亭角 β(°)	<37.4	37.4～39.4	39.6～40.8	41.0～42.0	42.2～43.0	43.2～44.0	>44.0
冠高比(%)	<7.0	7.0～8.5	9.0～10.0	10.5～18.0	18.5～19.5	20.0～21.0	>21.0
亭深比(%)	<38.0	38.0～41.0	41.5～42.5	43.0～45.0	45.5～46.5	47.0～48.0	>48.0
腰厚比(%)	—	—	<2.0	2.0～5.5	6.0～7.5	8.0～10.5	>10.5
腰厚	—	—	极薄	很薄—厚	很厚	极厚	极厚
底尖大小(%)	—	—	—	<2.0	2.0～4.0	>4.0	—
全深比(%)	<50.9	50.9～54.9	55.0～56.4	56.5～64.5	64.6～66.9	67.0～70.9	>70.9
α+β(°)	—	<65.0	65.0～68.6	68.8～76.2	76.4～80.0	>80.0	—
星刻面长度比(%)	—	—	<40	40～70	>70	—	—
下腰面长度比(%)	—	—	<65	65～90	>90	—	—

台宽比＝66%

	差	一般	好	很好	好	一般	差
冠角 α(°)	<22.0	22.0～27.0	27.2～31.4	31.6～34.4	34.6～40.0	40.2～41.4	>41.4
亭角 β(°)	<37.4	37.4～39.6	39.8～40.8	41.0～42.0	42.2～43.0	43.2～44.0	>44.0
冠高比(%)	<7.0	7.0～8.5	9.0～10.0	10.5～18.0	18.5～19.5	20.0～21.0	>21.0
亭深比(%)	<38.0	38.0～41.0	41.5～42.5	43.0～45.0	45.5～46.5	47.0～48.0	>48.0
腰厚比(%)	—	—	<2.0	2.0～5.5	6.0～7.5	8.0～10.5	>10.5
腰厚	—	—	极薄	很薄—厚	很厚	极厚	极厚
底尖大小(%)	—	—	—	<2.0	2.0～4.0	>4.0	—
全深比(%)	<50.9	50.9～54.8	54.9～56.2	56.3～64.5	64.6～66.9	67.0～70.9	>70.9
α+β(°)	—	<65.0	65.0～68.6	68.8～75.8	76.0～80.0	>80.0	—
星刻面长度比(%)	—	—	<40	40～70	>70	—	—
下腰面长度比(%)	—	—	<65	65～90	>90	—	—

台宽比＝67%

	差	一般	好	一般	差
冠角 α(°)	<22.0	22.0～27.6	27.8～40.0	40.2～41.4	>41.4
亭角 β(°)	<37.4	37.4～39.6	39.8～43.0	43.2～44.0	>44.0
冠高比(%)	<7.0	7.0～8.5	9.0～19.5	20.0～21.0	>21.0
亭深比(%)	<38.0	38.0～41.0	41.5～46.5	47.0～48.0	>48.0
腰厚比(%)	—	—	<7.5	7.5～10.5	>10.5
腰厚	—	—	极薄—很厚	极厚	极厚
底尖大小(%)	—	—	≤4.0	>4.0	—
全深比(%)	<50.9	50.9～54.6	54.7～66.9	67.0～70.9	>70.9
α+β(°)	—	<65.0	65.0～80.0	>80.0	
星刻面长度比(%)					
下腰面长度比(%)					

台宽比＝68%

	差	一般	好	一般	差
冠角 α(°)	<23.0	23.0～28.6	28.8～40.0	40.2～41.4	>41.4
亭角 β(°)	<37.4	37.4～39.8	40.0～43.0	43.2～44.0	>44.0
冠高比(%)	<7.0	7.0～8.5	9.0～19.5	20.0～21.0	>21.0
亭深比(%)	<38.0	38.0～41.5	42.0～46.5	47.0～48.0	>48.0
腰厚比(%)	—	—	<7.5	7.5～10.5	>10.5
腰厚	—	—	极薄—很厚	极厚	极厚
底尖大小(%)	—	—	≤4.0	>4.0	—
全深比(%)	<50.9	50.9～54.4	54.5～66.9	67.0～70.9	>70.9
α+β(°)	—	<68.0	68.0～80.0	>80.0	
星刻面长度比(%)					
下腰面长度比(%)					

台宽比＝69％

	差	一般	好	一般	差
冠角 α(°)	<24.0	24.0～29.0	29.2～40.0	40.2～41.4	>41.4
亭角 β(°)	<37.4	37.4～40.0	40.2～43.0	43.2～44.0	>44.0
冠高比(％)	<7.0	7.0～8.5	9.0～19.5	20.0～21.0	>21.0
亭深比(％)	<38.0	38.0～42.0	42.5～46.5	47.0～48.0	>48.0
腰厚比(％)	—	—	<7.5	7.5～10.5	>10.5
腰厚	—	—	极薄—很厚	极厚	极厚
底尖大小(％)	—	—	≤4.0	>4.0	—
全深比(％)	<50.9	50.9～54.2	54.3～66.9	67.0～70.9	>70.9
α+β(°)	—	<65.0	65.0～80.0	>80.0	—
星刻面长度比(％)	—	—	—	—	—
下腰面长度比(％)	—	—	—	—	—

台宽比＝70％

	差	一般	好	一般	差
冠角 α(°)	<24.0	24.0～29.0	29.2～40.0	40.2～41.4	>41.4
亭角 β(°)	<37.4	37.4～40.0	40.2～43.0	43.2～44.0	>44.0
冠高比(％)	<7.0	7.0～8.5	9.0～19.5	20.0～21.0	>21.0
亭深比(％)	<38.0	38.0～42.0	42.5～46.5	47.0～48.0	>48.0
腰厚比(％)	—	—	<7.5	7.5～10.5	>10.5
腰厚	—	—	极薄—很厚	极厚	极厚
底尖大小(％)	—	—	≤4.0	>4.0	—
全深比(％)	<50.9	50.9～54.0	54.1～66.9	67.0～70.9	>70.9
α+β(°)	—	<65.0	65.0～80.0	>80.0	—
星刻面长度比(％)	—	—	—	—	—
下腰面长度比(％)	—	—	—	—	—

台宽比＝71%～72%

	差	一般	好	一般	差
冠角 α(°)	<24.0	24.0～41.4	>41.4		
亭角 β(°)	<37.4	37.4～44.0	>44.0		
冠高比(%)	<7.0	7.0～21.0	>21.0		
亭深比(%)	<38.0	38.0～48.0	>48.0		
腰厚比(%)	—	≤10.5	>10.5		
腰厚	—	极薄—极厚	极厚		
底尖大小(%)	—	—	—		
全深比(%)	<50.9	50.9～70.9	>70.9		
α＋β(°)	—	—	—		
星刻面长度比(%)	—	—	—		
下腰面长度比(%)	—	—	—		

四、影响比率级别的其他因素

(一)超重比例

根据待分级钻石的平均直径,查钻石建议克拉质量表,得出待分级钻石在相同平均直径、标准圆钻型切工的建议克拉质量。

$$超重比例 = \frac{实际克拉质量 - 建议克拉质量}{建议克拉质量} \times 100\%$$

计算超重比例,根据超重比例,查表5-10得到比率级别。

表5-10 钻石超重比例表

比率级别	极好 EX	很好 VG	好 G	一般 F
超重比例%	<8	8—16	17—25	>25

(二)刷磨和剔磨

刷磨指上腰面联结点与下腰面联结点之间的腰厚,大于冠部主刻面与亭部主刻面之间腰厚的现象;剔磨指上腰面联结点与下腰面联结点之间的腰厚,小于冠部主刻面与亭部主刻面之间腰厚的现象(图5-36)。

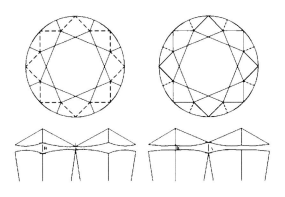

图 5—36 刷磨和剔磨

根据刷磨和剔磨的严重程度可分为无、中等、明显、严重 4 个级别。不同程度和不同组合方式的刷磨和剔磨会影响比率级别,严重的刷磨和剔磨可使比率级别降低一级。

1. 刷磨和剔磨划分规则

10 倍放大条件下,由侧面观察腰围最厚区域。

2. 划分等级

(1)无。钻石上腰面联结点与下腰面联结点之间的腰厚,等于风筝面与亭部主刻面之间腰厚。

(2)中等。钻石上腰面联结点与下腰面联结点之间的腰厚,对比风筝面与亭部主刻面之间腰厚有较小偏差,钻石台面向上外观没有受到可注意的影响。

(3)明显。钻石上腰面联结点与下腰面联结点之间的腰厚,对比风筝面与亭部主刻面之间腰厚有明显偏差,钻石台面向上外观受到影响。

(4)严重。钻石上腰面联结点与下腰面联结点之间的腰厚,对比风筝面与亭部主刻面之间腰厚有显著偏差,钻石台面向上外观受到严重影响。

第四节 圆明亮型钻石修饰度的评价方法

钻石修饰度(finish)评价主要包含对称性和抛光质量的评价。

一、钻石对称性评价

对称性,指的是钻石各个刻面的形状、位置、排列方式和对称等特征。对称性出现偏差对钻石的影响虽然没有比例的影响大,但会破坏圆钻的整体均匀性和美感,影响钻石的明亮度,反映出加工工艺技术的不良水平。如果把对称性差的圆钻,通过重新切磨来修正所存在的对称性偏差,不仅要花费加工时间和其他的耗费,而且还会带来钻石质量的损失。

(一)对称性影响因素

在 GB/T16554—2010《钻石分级标准》中,对影响钻石对称性级别的要素特征划分为以下 14 类,包括以下情况:腰围不圆、台面偏心、底尖偏心、冠角不均、亭角不均、台面和腰围不平行、腰部厚度不均、波状腰、冠部与亭部刻面尖点不对齐、刻面尖点不尖、刻面缺失、刻面畸形、非八边形台面、额外刻面。对于这 14 类情况,分述如下。

1. 腰围不圆

圆钻的腰棱截面应该是一个正圆,但由于切磨的偏差,使得腰棱截面不是正圆形。

目视评价时,镊子平行夹持在圆钻的腰棱上,在十倍放大镜下,视线垂直地通过台面,并使底尖位于视域的中心。人的眼睛对圆度十分敏感,能觉察出小至 0.5% 的圆度偏离。但是,在钻石分级中,腰棱的圆度偏离在 2% 以内都属于正常的误差范围。当圆度偏离达到 2% 或更大时,才作为对称性缺陷看待(图 5-37)。

腰围不圆也可以方便地由直接测量获得。只要多测量几个腰棱直径,从最小直径与最大直径的比值,即可得出圆度偏离的情况。

2. 台面和腰围不平行

台面倾斜,即冠部高矮不一(图 5-38)。

目视评价时,钻石侧夹,视线平行腰棱,要多观察几个方向。

台面倾斜也可用比例投影仪观察到。如果台面倾斜,可以从比例仪上直接看出投影的台面与屏幕上图案的台面不平行,也可从冠高比的不同测量值来判断。

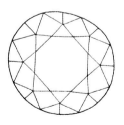

图 5-37 钻石腰围不圆

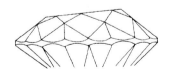

图 5-38 台面倾斜

3. 台面偏心

台面偏心,即台面不位于腰圆的中央。

目视评价时,台面朝上,视线垂直台面,将底尖调整到腰圆的中心,比较构成台面的两个正方形的角到腰围的距离是否等长,或者观察亭部两条相互垂直的主要面棱将组成台面的任一正方形是否对等地分为四等份(图5-39)。

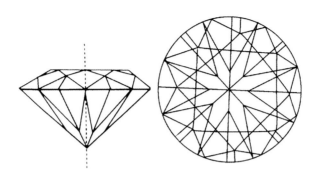

图5-39 台面偏心

4. 底尖偏心

底尖偏心,即底尖不在台面中心的垂线上。

目视评价时,方法之一是侧视钻石,对于台面未偏心的钻石,假想有一根垂直穿过台面中心的直线,观察这根直线是否与底尖重合;方法之二是透过台面,观察钻石亭部的四条主要面棱的相交关系,推测底尖是否偏心(图5-40)。

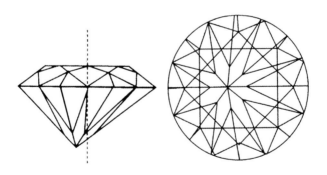

图5-40 底尖偏心

5. 波状腰

波状腰棱,即腰棱上下起伏,呈波浪状(图5-41)。

目视评价时,钻石侧夹,视线平行腰棱即可。正常的腰棱虽然是由上下两条波浪线所围成,但整个腰棱总体上是平直的,不可视为波状腰棱。

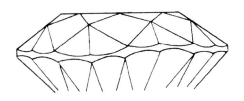

图 5-41　波状腰棱

6. 冠部与亭部刻面尖点不对齐

冠部与亭部刻面尖点应该对齐,例如上主小面与下主小面的尖点应对齐,否则会影像光线的路径,从而影像明亮度。在圆钻切磨时,冠部刻面与亭部刻面的抛磨是两个工序,如果未加充分的注意,就会造成冠部刻面与亭部刻面错位的情况。

目视评价时,侧视钻石腰部,观察冠部与亭部刻面在腰围处的尖点是否对齐(图 5-42)。

7. 腰棱厚薄不均

正常的腰棱由两条波浪线组成,虽然也存在波峰和波谷,不是平直的线,但整体来看,两条波浪线之间的距离是有规律重复的,如果出现腰棱一边厚,一边薄,就视为腰棱厚薄不均。

目视评价时,侧视钻石腰部一周,观察腰棱厚度是否均一。

8. 刻面尖点不尖

优质切工的钻石,多条刻面应严格交于一点。但有时多条刻面棱未交于一点,而是相交在一条线或一个小面上,使刻面尖点不够尖锐(图 5-43)。

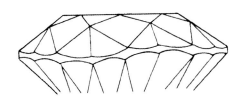

图 5-42　冠部和亭部刻面错位　　　　图 5-43　刻面尖点未交于一点

9. 额外刻面

额外刻面作为一种外部净度特征,如果不是特别明显,通常不会影响钻石对称性;但是若额外刻面较大,则应该作为钻石对称性的影响因素进行评价。

除以上钻石对称性因素以外,在 GB/T16554-2010《钻石分级标准》中还规定了冠角不均、亭角不均、刻面缺失、刻面畸形、非八边形台面等情况也是影响钻石对称性的情况。

除以上 14 中影响钻石对称性的因素外,分级实践中还常常可以见到同种刻面不等大以及锥状腰棱等现象。

(二)对称性评价

根据上述要素在钻石中的存在情况,对称性级别分为极好(Excellent,简写为 EX)、很好(Very Good,简写为 VG)、好(Good,简写为 G)、一般(Fair,简写为 F)、差(Poor,简写为 P)五个级别。

(1)极好 EX:10 倍放大镜下观察,无或很难看到影响对称性的要素特征。

(2)很好 VG:10 倍放大镜下台面向上观察,有较少的影响对称性的要素特征。

(3)好 G:10 倍放大镜下台面向上观察,有明显的影响对称性的要素特征。肉眼观察,钻石整体外观可能受影响。

(4)一般 F:10 倍放大镜下台面向上观察,有易见的、大的影响对称性的要素特征。肉眼观察,钻石整体外观受到影响。

(5)差 P:10 倍放大镜下台面向上观察,有显著的、大的影响对称性的要素特征。肉眼观察,钻石整体外观受到明显的影响。

二、钻石抛光质量评价

抛光质量的优劣直接影响到钻石的光学效应。当抛光质量很差时,光线在钻石不平整的表面上会产生漫反射,从而减损钻石表面反光的强度,减弱钻石的明亮度,严重时还会影响钻石的透明度。即使钻石的切工比例很好,但缺乏精细的抛光,也不能使钻石熠熠生辉。但整体来说,抛光质量对钻石价值的影响比较小。

抛光质量主要与钻石的切磨工艺、切磨师的技术与精心程度有关,与保存质量的关系不大,即使对抛光质量差的钻石重新抛光,所耗损的质量也是微乎其微。此外,抛光质量还可能与原石的质量有一定的联系。

抛光质量的评价主要依据抛光纹的明显程度来判断。抛光纹是钻石表面成组平行排列的直线或微曲的弧线。同一组抛光纹仅局限在一个刻面上;不同刻面上的抛光纹的方向多不一样。

观察抛光纹,不要直接观察刻面表面,因为有时刻面表面的反光会使抛光纹不明显,而要采用透过相对刻面进行观察的方法,或称为"内表面观察法"。例如,透过台面观察亭部刻面上的抛光纹(图 5-44),或者通过亭部刻面观察台面上的抛光纹。

在 GB/T16554—2010《钻石分级标准》中,对影响钻石抛光级别的要素特征划分为以下 9 类:抛光纹、划痕、烧痕、缺口、棱线磨损、击痕、粗糙腰围、"蜥蜴皮"效应、粘杆烧痕。

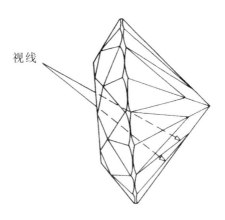

图 5-44 抛光痕的观察方法

根据上述特征要素的多少,抛光级别分为:极好(Excellent,简写为 EX)、很好(Very Good,简写为 VG)、好(Good,简写为 G)、一般(Fair,简写为 F)、差(Poor,简写为 P)五个级别。

(1)极好 EX:10 倍放大镜下观察,无至很难看到影响抛光的要素特征。

(2)很好 VG:10 倍放大镜下台面向上观察,有较少的影响抛光的要素特征。

(3)好 G:10 倍放大镜下台面向上观察,有明显的影响抛光的要素特征。肉眼观察,钻石光泽可能受影响。

(4)一般 F:10 倍放大镜下台面向上观察,有易见的影响抛光的要素特征。肉眼观察,钻石光泽受到影响。

(5)差 P:10 倍放大镜下台面向上观察,有显著的影响抛光的要素特征。肉眼观察,钻石光泽受到明显的影响。

三、钻石修饰度级别

修饰度级别分为极好(excellent,简写为 EX)、很好(very good,简写为 VG)、好(good,简写为 G)、一般(fair,简写为 F)、差(poor,简写为 P)5 个级别。包括对称性分级和抛光分级。以对称性分级和抛光分级中的较低级别为修饰度级别。

四、切工级别的划分原则

切工级别根据比率级别、修饰度(对称性级别、抛光级别)进行综合评价。

据 GB/T16554—2010《钻石分级标准》划分,切工级别根据比率级别、修饰度(对称性级别、抛光级别)进行综合评价。

切工级别分为极好(excellent,简写为 EX)、很好(very good,简写为 VG)、好(good,简写为 G)、一般(fair,简写为 F)、差(poor,简写为 P)5 个级别。

根据比率级别和修饰度级别,查表 5-11 得出切工级别。

表 5-11 切工级别划分规则表(据国标 GB/T16554-2010)

切工级别		修饰度级别				
		极好 EX	很好 VG	好 G	一般 F	差 P
比率级别	极好 EX	极好	极好	极好	好	差
	很好 VG	很好	很好	很好	好	差
	好 G	好	好	好	一般	差
	一般 F	一般	一般	一般	一般	差
	差 P	差	差	差	差	差

第五节　花式琢型钻石比例及修饰度的评价方法

由于花式钻石的琢型种类繁多、形态各异,花式钻石的比例分级没有圆钻具体、系统,对花式钻石的切工评价比圆钻困难,很难取得统一的分级标准,花式钻石的切工评价可参考圆钻的评价方法和标准。

一、花式钻石的比例评价

1. 长宽比

长宽比是指花式钻石的腰部轮廓投影的纵轴(长轴)长度和横轴(短轴)长度之比。长宽比是花式钻石比例评价的最基本内容,只有当长款比例协调时,钻石的琢型才富于美感。对于常见花式钻石的长宽比可以参照表 5-12 进行评价。

表 5-12 花式钻石长宽比特征较

	偏大	合适	偏小
祖母绿或长方形	$2.00^+ : 1$	$1.50 \sim 1.75 : 1$	$1.25 \sim 1.10 : 1$
心形	$1.25^+ : 1$	$1.00 : 1$	$1.00^- : 1$
橄榄形	$2.50^+ : 1$	$1.75 \sim 2.25 : 1$	$1.50^- : 1$
椭圆形	$2.00^+ : 1$	$1.50 \sim 1.75 : 1$	$1.25 \sim 1.10 : 1$
梨形	$2.00^+ : 1$	$1.50 \sim 1.75 : 1$	$1.25 : 1$

2.台宽比

花式钻石的台宽比,是指台面短轴方向的宽度与腰围宽度的百分比(图5—45)。

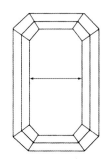
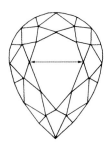

图5—45 花式琢型钻石台面宽度示意图

3.冠角

花式钻石的冠角,是指冠部在宽度方向上的主刻面与腰围平面之间的夹角。

可以用圆钻的冠角侧视目估法。精度要求不像圆钻那么严格,常用很小、小、中等、大、稍大等术语描述。

4.亭深比

花式钻石的亭深比,是指亭部深度与腰围宽度的百分比。花式钻石有些部位(如琢型尖端)的亭角常常会小于腹部的亭角。

目视时,正视钻石,观察其明亮度和台面影像。若钻石的亭深比合适(41%～45%),钻石明亮且不见台面影像;若亭部太深,钻石明亮度下降,变成"块状石";若亭部太浅,则出现"鱼眼效应"。台面影像在宽度方向上加大加深,形成领结状的黑色阴影,称为"领结效应"(图5—46)。

花式钻石的亭深比分为很浅、稍浅、合适、稍深和很深几个级别。

图5—46 花式钻石的黑色"领结效应"

5.腰围厚度

花式钻石的腰围厚度往往比圆钻的厚且不均匀。例如心形钻石的开口、尖端等部位的腰围厚度常比腹部的要大。

目视时,应尽量排除这些特殊的位置,取整个腰围厚度的平均值,分为极薄、很薄、薄、中、厚、很厚、极厚几个级别。

6.底尖比

花式钻石的底尖比评价方法和圆钻的相似。若底尖拉长时,以底尖的宽度为准,并根据具体的形态,分为点、线状底尖。花式钻石的底尖比评价方法可分为无、很小、小、中、大、很大、极大几个级别。

参照圆钻的切工比例评价标准,花式钻石的切工比例可以分为极好、很好、好、一般、差 5 个级别。

二、花式钻石的修饰度评价

(一)花式钻石的对称性评价

1.花式钻石的主要对称性偏差

(1)腰围轮廓偏差。腰围轮廓偏差,包括腰围轮廓不对称、腰围轮廓曲度部协调。

(2)台面偏心。

(3)底尖偏心。

(4)冠部倾斜。

(5)波状腰棱。

2.花式钻石的次要对称性偏差

(1)底尖配置偏差。花式钻石的底尖除有偏心的现象外,还应考虑底尖位于长度线上的上、下位置。合适的底尖配置位置应在台面宽度的连线上(图 5-47)。若底尖太高,会改变亭角大小,造成漏光,减损钻石的亮光。若底尖太低,易产生影像反射现象。

底尖太高　　　　　　底尖适中　　　　　　底尖太低

图 5-47　花式钻石的底尖配置偏差

(2)台面不对称。

(3)同等刻面不等大。

(4)冠部和亭部刻面尖顶不对齐。

(5)面棱未交于一点。

(6)梯形切磨钻石的底部膨胀不均匀(图5-48)。

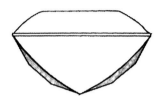

图5-48 梯形切磨钻石的底部膨胀不均匀

(二)花式钻石的抛光质量评价

花式钻石的抛光质量评价同圆钻相同。

(三)花式钻石的修饰度级别

根据对称性和抛光质量,花式钻石的修饰度也分为极好、很好、好、一般、差等5个级别。

根据切工比例和修饰度灯各项指标,参考圆钻的切工级别划分规则,可以对花式切工的钻石进行切工级别评价,供包括极好、很好、好、一般、差等5个级别。

第六章 钻石的质量分级

当钻石的颜色、净度和切工确定后,人们即按照钻石的质量进行交易。质量是决定价格的最基本的尺度,其余3个C对钻石价格的影响,是随钻石的质量大小而改变的。

第一节 钻石质量的单位

我国的《钻石分级国家标准》(GB/T 16554—2010)中规定:钻石的质量计量单位为克(g),准确度为0.0001。考虑到国际钻石贸易中仍用"克拉"(ct)作为钻石的质量单位,要求钻石的质量表示方法为:在质量数值后的括号内注明其相应的克拉值,例如,0.2000g(1.00ct)。

一、克拉(carat)

克拉是钻石质量国际通用的计量单位,缩写为"ct"。据说,"carat"一词来源于地中海沿岸所产的一种洋槐树(ceratonia siliqua)的名称,这种树的干种子大小匀称(图6-1),约200mg,当地居民用其作为宝石交易中称重的砝码。

图6-1 克拉豆

19世纪以来,克拉作为宝石的计量单位被广泛采用,但是各国对克拉与公制质量单位的换算略有差别,1906年国际计量大会对克拉与公制质量单位的换算进行了统一,规定1ct=200mg=0.2g。

二、分(point)

为了方便小钻石的称重,把1ct等分成一百份,每一份等于"1分"("point"),缩写为"pt"。1ct等于100pt,即1pt=0.01ct=0.002g。

小于1ct的钻石多用"分"作为单位,例如0.05ct钻石称为5pt钻石。

三、格令(grain)

目前,格令在钻石界使用并不广泛,主要是钻石批发商用来近似描述钻石的质量。例如,1格令钻石的质量范围是0.23~0.26ct,2格令钻石的质量范围是

0.47～0.56ct。

四、每克拉多少粒

对于碎钻,通常不是以每一颗的质量来计量,而是以每克拉多少粒来计量。例如有一包小碎钻,共 100 粒,每一粒钻石质量约为 1pt,就可以将这包钻石的质量说成"每克拉 100 粒"。

第二节 钻石质量的称量方法和质量分级

一、钻石质量的称量方法

准确称出钻石的质量,即可以满足商业上钻石计价的要求,还具有指示钻石身份的作用,对开具钻石证书极有意义。

质量分级的首选方法是使用标准称重仪器,如各种精度达到 0.000 1g 的天平进行称量。只要遵照操作规程办事,就可以得出精确的结果。因此,钻石的质量分级是 4 个分级中最简单的一个。

在使用电子秤时,首先用标准砝码检查电子秤的准确性,以免因电子秤的故障而得出错误的称量。为了获得更高的准确度,电子秤要放稳,并要尽量地水平,避免有较强的气流以及环境温度的剧烈变化。

商业上,钻石克拉质量要标示到小数点后第 2 位,不论是单粒钻石的零售或是成包的批发,都是如此,并且实行小数点后第 3 位逢九进一的规则,8 及 8 以下的数字忽略不计。例如,称重得 0.898ct,计价时,只按 0.89ct 计算;而称重得 0.899ct,则可按 0.90ct 计价。

二、钻石质量分级

1. 钻坯质量分级(商业分级)

超大钻:大于等于 10.80ct。通常大于等于 50ct 的钻石都会被单独命名,也称作记名钻,如质量为 158.78ct 的"常林钻石"。

大钻:2.0～10.79ct。

中钻:0.75～1.99ct(格令钻)。

小钻:0.74ct,每克拉 6 粒。

混合小钻:小于等于 0.73ct,每克拉 7～40 粒。

2. 抛光钻石的质量分级(商业分级)

大钻:大于等于 1ct。

中钻:0.25～0.99ct。

小钻:0.05～0.24ct。

碎钻:小于等于0.04ct。

第三节 钻石质量的估算方法

用称重仪器对钻石质量进行直接称量当然是一种简便精确的办法,但当钻石已镶嵌在首饰上或条件限制而不能直接用称重仪器称量时,则可以用测量钻石尺寸,然后用相应的公式进行计算质量的方法来估算钻石的质量。

了解和掌握通过钻石尺寸获得钻石质量的方法,不仅对估计钻石的质量有用,而且还可以在一般的交易过程中,不需做特别的鉴定,即可识别仿钻。

一、圆明亮型钻石质量的估算

1.根据钻石的直径和质量的对应关系,直接估算钻石质量

大多数圆明亮式琢型钻石是按标准比例切磨的,腰棱直径与质量呈正比关系(表6－1)。例如,大多数1.00ct圆钻的腰棱直径为6.5mm,高度为3.9mm。因此,通过度量腰棱直径可估算出钻石的质量。但值得注意的是,如果钻石的切磨比例不标准,例如腰很厚时,采用这种方法测得的结果就不准确了。

表6－1 圆钻的直径与质量对应关系

直径(mm)	大约质量(ct)	直径(mm)	大约质量(ct)
1.00	0.005	5.20	0.50
1.30	0.01	5.50	0.60
1.70	0.02	5.80	0.70
2.40	0.05	6.00	0.80
3.00	0.10	6.30	0.90
3.40	0.15	6.50	1.00
3.80	0.20	7.00	1.25
4.10	0.25	7.40	1.50
4.50	0.30	8.00	1.90

2.钻石筛

钻石筛是圆形的不锈钢薄板筛盘,其上的空洞是用激光打孔做成的。筛片直径有4.8cm、6.6cm、8.0cm和10.7cm 4个规格。有21片和41片两种组合,分别从0～20或0～40编号。筛盘的孔径已知,而且不同孔径编号的筛片大致都

对应于一个特定的钻石质量。

钻石筛在钻石批发市场分选和估算大量的小钻石时十分有效。利用不同的筛盘,从大孔径到小孔径反复筛选,就可把整包的混合小钻石,分成质量不等的几组,每组中的钻石质量大致相等。

3.孔型量规

孔型量规是一种用塑料或金属制作的、用于估算钻石质量的简单孔型量板。

孔型量规外形各异,常见的有圆形、椭圆形、长条形、折扇形等,孔径与标准圆多面型钻石的直径相对应,并按大小顺序排列。一般可比照 0.1~4ct 大小的钻石。

使用的时候,只要简单地找出与钻石腰棱一致的孔洞,即可估计出该钻石的质量大小。但对于非标准切工的圆多面型钻石,误差可达 20%。因此,这种量规只能给出一颗圆多面形琢型钻石的大致质量。

4.对照量规

对照量规由一组镶嵌的圆明亮式琢型的仿钻组成,每一颗都是根据不同质量钻石所对应的腰棱直径大小加工的。这种量规的主要用途不是估算已镶嵌钻石的质量,而是为顾客提供特定质量钻石有多大的概念。

5.利用公式来估算钻石的质量

由于圆钻琢型的比例和钻石密度相对固定,当测量出琢型的主要尺寸后,带入以下公式(1)可以直接估测出钻石质量。这种方法比较准确,对于切磨比例不标准的钻石也同样适用。

$$估算质量 = 直径^2 \times 高 \times k \qquad (1)$$

圆钻质量的计算,需要测量出圆钻腰棱的平均直径和台面到底尖的距离。测量钻石时,务必小心,因为卡尺所接触到的部分,如底尖、腰棱的尖端等,都是钻石最易受损的部位,要避免造成损伤。使用螺旋测微计时,切勿将宝石夹得太紧。

上述公式中,钻石尺寸均以 mm 为单位,计算得出的质量以 ct 为单位;系数 k 的大小与圆钻的腰棱厚度相关,腰棱越厚,所取的数值越大。当腰很厚时,取 0.006 5;厚,取 0.006 4;中等,取 0.006 3;薄,取 0.006 2;很薄,取 0.006 1。

例如,一个标准圆明亮形钻石(腰很薄)腰的直径最小为 6.50 mm,最大为 6.54 mm,全深为 3.92 mm,可计算出该钻石的质量为:

$$[(6.50 + 6.54)/2]^2 \times 3.92 \times 0.006\ 1 = 1.016\ 5 \approx 1.01 \text{ ct}。$$

(2)简易经验公式。

对于镶嵌钻石(标准圆钻型),如果钻石高度无法测量,只根据其腰围平均直径亦可估算出其近似质量。

$$质量 = (平均直径 / 6.5)^3$$

二、异型钻石质量的估算

1. 异型钻尺寸的测量

测量异型钻的尺寸,就是要获得异型钻在长度、宽度和高度方向上的最大尺寸。比如三角形琢型的钻石,要测量出三角形最长的边的尺寸和这条边到相对顶点的垂直距离作为长和宽。高度是钻石台面到底尖的距离,对各种琢型都一样。

2. 异型钻质量的估算方法

针对不同的异型钻,有不同的质量估算公式。

(1) 椭圆明亮式琢型的估重公式:

$$估算质量 = 平均直径^2 \times 高 \times 0.006\ 2$$

式中:平均直径等于腰围的长与宽的平均值,即平均直径=(长+宽)÷2

(2) 心形明亮式琢型的估重公式:

$$估算质量 = 长 \times 宽 \times 高 \times 0.005\ 9$$

(3) 三角形明亮式琢型的估重公式:

$$估算质量 = 长 \times 宽 \times 高 \times 0.005\ 7$$

(4) 水滴形明亮式琢型的估重公式:

	长:宽
估算质量 = 长 × 宽 × 高 × 0.006 15	1.25:1
× 0.006 00	1.50:1
× 0.005 75	2.00:1

(5) 橄榄形明亮式琢型的估重公式:

	长:宽
估算质量 = 长 × 宽 × 高 × 0.006 55	1.5:1
× 0.005 80	2.0:1

	×0.005 85	2.5∶1

(6)祖母绿琢型的估重公式:

长∶宽

估算质量=长×宽×高×0.008 0   1.0∶1

×0.009 2   1.5∶1

×0.010 0   2.0∶1

×0.010 6   2.5∶1

注意事项:

(1)在应用公式计算质量之前,要先计算长宽的比值,依长宽比选用合适的系数。当长宽比值不等于上述典型值时,可以使用内插法选取合适的系数。

(2)以上列出的系数适用于腰棱厚度在中至薄的钻石。如果钻石的腰棱偏厚,则要对计算出的质量作稍许的修正。修正的程度与钻石的大小及腰厚的情况有关,修正的参数见表6-2。

表6-2 花式钻估算质量的腰棱厚度修正系数表

宽度(mm)	稍厚	厚	很厚	极厚
3.8~4.15	3%	4%	9%	12%
4.15~4.65	2%	4%	8%	11%
4.70~5.10	2%	3%	7%	10%
5.20~5.75	2%	3%	6%	9%
5.80~6.50	2%	3%	6%	8%
6.55~6.90	2%	2%	5%	7%
6.95~7.65	1%	2%	5%	7%
7.70~8.10	1%	2%	5%	6%
8.15~8.20	1%	2%	4%	6%

表中百分数的使用方法是,对按公式计算得到的估算质量再乘上(1+修正系数),即为:修正后质量=估算质量×(1+修正系数)

例如,一颗长5.03mm、宽3.24mm、高3.50mm的祖母绿琢型的钻石,其腰棱很厚,查表5-4,宽度介于3.8~4.15mm之间,对应的修正系数为9%,质量计算如下:

估算质量=5.03×3.24×3.5×0.009 3=0.53 ct

修正后质量=0.53×(1+0.09)=0.58 ct

第七章　钻石鉴定及优化处理

钻石是大自然馈赠给人类珍贵稀有的资源,随着现代工业文明的发展,钻石不仅广泛使用于珠宝首饰方面,在工业用途中也发挥出越来越重要的作用。因此,从 18 世纪开始,世界各国已经在不断地探索合成钻石的技术和方法,但是直到 20 世纪热力学及高温高压技术获得相当发展的时候,合成钻石才真正成为了可能。

合成钻石是一种在人工条件下利用碳质材料通过晶体生长的方法制备出的人工材料,它在化学成分、晶体结构、物理性质等方面与天然钻石基本相同。目前世界上许多国家非常重视合成钻石的技术并开始广泛利用合成钻石(图 7-1)。

图 7-1　合成钻石

第一节　合成钻石及鉴定特征

一、人工合成钻石的历史

1796 年,在化学家拉瓦锡的研究基础上,特纳利用试验证明钻石是完全由碳元素组成的晶质体。人类对钻石的认识进入了一个新的领域,同时也揭开了人类合成钻石艰难而漫长的科学探索的新篇章。此后的 150 年内,尽管先后有

30多位科学家声称自己获得了合成钻石的成功，但是最终证明其实验结果是失败的，其中最有影响的是苏格兰化学家汉内（James B.Hannay）和法国化学家莫依桑（Henry Moissan）。尽管汉内和莫依桑并未获得试验成功，但是他们利用高温高压合成钻石的思路为后来的探索者提供了重要的启示。

1938年，罗尼斯根据热力学定律提出了第一张有关碳稳定性的相图，成功揭示了石墨和钻石能够稳定存在的温度和压力条件。此后十年的研究使人们对钻石和石墨保持稳定的温压条件有了更深刻的认识。

1953年，瑞士ASEA公司首次获得人工合成钻石的成功，成功合成了40粒小颗粒的钻石。随后，美国通用公司利用压带装置也成功合成了小颗粒钻石，并将这一消息公之于众。此后工业级钻石的合成技术得到了广泛应用，目前几乎2/3的工业用钻已由合成钻石替代。

随着合成钻石技术的发展和深入研究，众多的研究机构开始了合成宝石级钻石的研究。1970年，美国通用电气公司首次合成直径大于5mm的宝石级钻石，但其颜色呈黄色。1990年戴比尔斯人工合成了质量达14.2ct的浅黄色透明大颗粒宝石级钻石，这是迄今为止最大的合成钻石。

二、钻石的合成方法

根据技术特点，目前钻石的合成方法主要包括高温高压合成方法和低压高温法。

1.高温高压合成方法

钻石和石墨是碳的两种同质多象的变体。常温常压下石墨是碳的稳定结晶形式，高温高压条件下，石墨中的碳原子会重新按钻石的结构排列而形成钻石。高温高压合成钻石是在 50~80Kb 的压力条件和 1 300~1 800℃ 的温度条件下，使非钻石结构的碳结晶形成钻石。这种技术方法又可以分为静压法和动压法两种情况。

静压法是利用压机对传压介质施加机械压力形成高压条件，其特点是在钻石稳定区内利用静态超高温高压技术，使碳质物质直接转变或通过同熔（溶）媒反应形成钻石。动压法是利用动态冲击波使石墨等碳质原料直接转变为钻石。当冲击波在介质中高速传播时，受冲击物质可以获得高温高压条件，但是动压法形成的温压条件作用时间短，难以分别加以控制。根据形成冲击波的不同方式，动压法又可以分为爆炸法、放电法等方法。利用动压法获得的钻石通常为六方晶系。

2.化学蒸气沉淀合成方法（CVD法）

化学蒸气沉淀合成方法是最重要的低压高温合成钻石方法，其基本原理是用加热、放电等方法激活碳基气体——例如甲烷、乙烷等，使之离解出碳原子和氢原子(或甲基 CH₃ 和氢原子),碳原子沉淀形成钻石。

3.宝石级钻石的合成工艺

目前,合成工业用钻主要采用静压法中的静压触媒法。合成宝石级钻石也是采用静压法,但是同时加入了籽晶,所以又称为籽晶触媒法。

合成宝石级钻石主要采用带状压机和球形压机装置,尽管其形成压力的方法不同,但是合成钻石的生长舱大致相同,主要包括以下几个方面内容:

原料:通常选用天然或合成的钻石粉,石墨及石墨与钻石的混合物作为碳源。

金属触媒:一般用的是铁镍合金。金属触媒可以降低石墨向钻石转化的温度和压力条件,提高转化率。此外,金属触媒可以作为碳的溶剂,适当的温度压力条件下石墨和钻石都溶于触媒,并且石墨的溶解度大于钻石。压力升高时,二者的差异也增大,因此当石墨在金属触媒中溶解达到饱和时,对钻石则达到过饱和,此时钻石容易从触媒中结晶出来。

压力舱:用叶腊石作柱形舱体,用来放置原料、触媒和籽晶。

籽晶:天然或者合成钻石 1~2 粒;原料在高温高压下溶解于铁镍触媒中,在压力舱温度梯度作用下,溶解于触媒中的碳在籽晶上结晶出来,生长较大的钻石单晶体。

三、宝石级合成钻石的鉴别

(一)高温高压(HTHP)合成钻石的鉴别

HTHP合成钻石和天然钻石的形成条件不同,因而在晶体形状、内含物特征、发光性、吸收光谱和磁性等宝石学特征方面存在较大的差异,二者的鉴定特征主要包括以下几个方面。

1.颜色

合成钻石的颜色可以是近无色、浅黄色、黄色甚至蓝色。由于生长舱内充满了空气,而氮气是空气的重要组成内容,所以大多数合成钻石是含孤氮的Ⅰb型钻石,体色多为黄到褐色。如果在反应舱内加入锆或铝等氮的吸收剂,则可以获得无色的不含氮的Ⅱa型钻石;若加入一些硼,则可合成含硼的蓝色Ⅱb型的钻石。但是,近无色、蓝色合成钻石技术难度大、成本较高,通常比较少见。

2.晶体特征

合成钻石的晶体形态主要为立方体与八面体的聚形(图7-2)。温度对形态具有一定影响,温度较低(1 300℃)时,以立方体为主;温度较高(1 600℃)时以八面体为主。合成钻石的晶面上常出现与天然钻石不同的叶脉状、树枝状表面特征图案(图7-3),而天然钻石表面常常可以见到三角形生长花纹、倒三角晶面蚀像或生长阶梯等表面特征。

图 7-2 合成钻石的晶体特征

图 7-3 合成钻石的表面特征

3.内含物特征

合成钻石内常可见到呈板状、棒状或针状外观不透明的铁或铁镍合金触媒金属包裹体,反射光下观察具有金属光泽,它们通常沿内部生长区分界限定向排列,也可以呈细小的微粒状散布于整个晶体中。与合成钻石不同,天然钻石内通常具有石榴石、透辉石、顽火辉石、橄榄石等天然矿物包裹体。

合成钻石中常可以见到籽晶,这是非常重要的鉴定特征,合成钻石的籽晶虽然可以在加工过程中切除,但是沿籽晶生长的痕迹以籽晶幻影的形式保留下来(图 7-4)。籽晶幻影通常呈四方形位于钻石的中央部位,沿幻影对角线方向有十字形细线指向立方体生长区。

生长结构现象也是合成钻石区别于天然钻石的一个重要方面。合成钻石中常形成多个生长区,由于不同生长区中物质成分的差异常常导致折射率和颜色

图 7-4 合成钻石的籽晶

的轻微变化,放大观察可以发现沙漏状生长纹理及不同生长区的颜色差异。

4. 吸收光谱

无色—浅黄色天然钻石具有典型的吸收谱线,即在 415nm、452nm、465nm 和 478nm 位置显示吸收。绝大多数天然钻石为 Ⅰa 型,415nm 吸收线是 Ⅰa 型钻石的重要标志,而合成钻石主要为 Ⅰb 型钻石,缺失 415nm 吸收线。

5. 异常双折射

天然钻石在自然条件下形成,常常受到各种应力的作用,在正交偏光下观察,常常显示比较强和形态复杂的异常双折射现象。合成钻石在形成之后通常不会受到强烈的应力影响,所以无异常双折射现象或异常双折射现象很弱。

6. 紫外荧光

紫外荧光是鉴定天然钻石和合成钻石的一种有效方法,二者在荧光颜色、颜色分布和荧光强度方面均有明显差异。在长波紫外线照射下,天然钻石一般为蓝白色荧光,少量为黄色荧光,短波紫外线照射下荧光强度通常较长波弱。合成钻石长波下常显示黄绿色荧光,短波下荧光较长波下荧光强,发光区主要集中在钻石中央部位,边缘部分的荧光较弱,荧光图形显示几何对称特点。

7. 阴极发光

阴极发光也是鉴定天然钻石和合成钻石的重要方法,天然钻石和合成钻石在阴极发光下显示不同的颜色和不同的生长纹等特征,钻石中氮元素的含量和分布状态是影响阴极发光的重要因素。天然钻石通常显示相对均匀的蓝色—灰蓝色荧光,偶尔可见小块黄色和蓝白发光区,但分布并无规律性。合成钻石不同的生长区发出不同颜色的光,但是总体以黄绿色光为主,显示特征的立方—八面体发光样式,具有规则的几何图形,并且常常可以见到在各生长区内发育的带状生长纹理。

8.磁性特征

合成钻石中常含具有磁性的合金包裹体,所以可以为磁性物质所吸引。

(二)CVD合成钻石的鉴别

CVD合成钻石的鉴别可从结晶习性、内含物、异常双折射、色带等几个方面进行鉴别。

(1)结晶习性 CVD合成钻石呈板状,{111}和{110}面不发育;而HTHP合成钻石则{111}和{100}面发育;天然钻石常呈八面体晶形或菱形十二面体及其聚形,晶面有溶蚀现象。

(2)颜色多为暗褐色和浅褐色,也可以生长近无色和蓝色的产品,但非常困难。

(3)放大检查可见不规则深色包体和点状包体。可有平行的生长色带。

(4)正交偏光下CVD合成钻石在有强烈的异常消光,不同方向上的消光也有所不同。

(5)在长短波紫外线的照射下,CVD合成钻石通常有弱的橘黄色荧光。另外还可根据红外光谱、x射线形貌图、Diamond Sure、Diamond Plus等仪器进行鉴别。

第二节　钻石及仿钻的鉴定

一、常见的钻石仿制品

钻石仿制品是指与钻石具有完全不同的化学成分、晶体结构和物理特性,但却因与钻石具有相似外观而代替钻石用途的天然矿物或人工材料(表7-1)。

表7-1　常见钻石仿制品

材料	色散	折射率	双折射	密度(g/cm^3)	硬度
钻石	0.044	2.42	无	3.52	10
合成金红石	0.330	2.61~2.90	0.287 很强	4.25	6.5
钛酸锶	0.190	2.41	无	5.13	5.5
立方氧化锆(CZ)	0.065	2.15	无	5.56~6.00	8.5
合成莫依桑石	0.104	2.65~2.69	0.043 强	3.22	9.25
钇铝榴石(YAG)	0.027	1.83	无	4.58	8.5
钆镓榴石(GGG)	0.045	2.07	无	7.00~7.09	6.5~7.0
玻璃	0.016~0.050	1.4~1.6	无	2.00~6.00	5

无色的天然宝石如锆石、刚玉、绿柱石、尖晶石等都可以作为钻石的仿制品。除锆石外,与钻石相比,其他天然无色宝石均具有较弱的亮度、火彩和光泽,对于有经验的宝石鉴定人员不难分辨;锆石与钻石具有相似的光学效果,但是锆石具有明显的"刻面棱重影"双折射现象和典型的吸收光谱,此外,锆石棱线的磨蚀现象也是与钻石相区别的重要特征。总之,利用常规鉴定仪器,可以比较容易地鉴定钻石和天然仿钻材料。

用于仿钻的人工材料主要包括铅玻璃、合成金红石、钛酸锶、钇铝榴石(YAG)、钆镓榴石(GGG)、立方氧化锆(CZ)和合成莫依桑石等。目前,立方氧化锆和合成莫依桑石是最重要的钻石仿制品。

二、钻石仿制品的鉴别

鉴定钻石主要通过放大观察和仪器检测的方式进行。利用放大观察鉴定钻石和仿钻,主要是从光学性质、硬度情况、切工特征以及包裹体等方面的差异进行分析,通过观察钻石和仿钻的外观特征和内含物判断究竟是钻石还是仿钻。仪器鉴定又可以分为普通仪器鉴定和大型仪器鉴定两种情况。此外,钻石仿制品的鉴定还有透视试验、哈气试验和亲油性试验等较为简单的参考性方法。

(一)放大观察

钻石具有高折射率、高色散、高反射率和极高的硬度,这些特征是钻石具有与仿钻完全不同的外观的原因。

1.硬度特征和表面磨损

天然材料中钻石具有最高的硬度,与仿钻相比,钻石的硬度通常要大得多,切磨后的钻石具有光滑的刻面、锐利的面棱、尖锐的角顶和完美的抛光质量,并且受表面磨损的影响要比仿制品小得多。钻石的完美切工品质可以得以长时间地保留,"钻石恒久远,一颗永流传"便具有这样的含义。

仿钻材料的刻面上有时可以发现较重的抛光痕或磨痕,面棱和角顶通常较圆滑,特别是表面经过磨蚀的仿钻材料,更容易发现其表面质量与钻石完全不同。

合成莫依桑石的摩氏硬度为 9.25,其面、棱和角顶也具有和钻石相似的特点,并且耐久性也很好,但是其绝对硬度与钻石仍有较大差距,仔细观察可以发现,其刻面棱和抛光质量与钻石相比仍有一定差距。

2.光学特征

利用 10 倍放大镜垂直底尖放大观察钻石或仿钻的亭部,其亭部往往出现单色闪光的现象,根据闪光的颜色和覆盖面的范围不同,可以辅助鉴定钻石和仿钻。一般情况下,CZ 和色散值较钻石低的仿钻材料一般显示蓝色闪光,例如观察 CZ 的闪光效应时可以发现,其亭部下方约有一半数量的小刻面显示蓝色闪光。观察钻石的底面闪光效应时,有 4～5 个小刻面上出现黄色闪光。对于人造钛酸锶、合成金红石和合成莫依桑石等色散值远高于钻石的仿钻而言,其亭部闪光同时显示比较丰富的多种颜色,并且闪光覆盖大部分的亭部刻面。

除了观察闪光效应,双折射现象也是鉴定钻石和仿钻的重要手段。钻石是具有单折射性质的均质体宝石,光线进入钻石后不发生分解,始终保持单一光线。锆石、合成莫依桑石和合成金红石等仿钻材料是具有较大双折射率的材料,利用10倍放大镜透过冠部主刻面可以清晰地发现其对面刻面棱的双影线（图7-5）。由于合成莫依桑石的台面常常垂直于 c 轴,所以从垂直台面方向往往难以发现双折射现象,因此冠部主刻面是比较理想的观察位置。

图7-5　合成莫依桑石的双影线

3.腰部特征

为了最大程度保留钻石的质量,钻坯加工时常常会在腰棱下方保留有较大的原晶面,即抛磨后仍然保留钻石晶体原始表面的一部分。钻石的原晶面具有较暗淡的光泽,有时还可以发现生长纹、蚀像和三角形生长锥等形貌特征。

钻石的腰部通常为"粗磨腰",具有均匀的毛玻璃状表面,少数情况下为"抛光腰",但是无论何种情况,钻石的腰上一般少见研磨痕迹。CZ的腰棱是用钻砂研磨的,也具有粗糙外观,与钻石粗磨腰棱不同的是CZ的腰上常常有与腰棱平行或斜交的研磨线。大多数合成莫依桑石采用抛光腰棱,并且抛光质量较好。

加工钻石腰时由于进刀量过大或用力过猛常常形成"须状"腰棱,另外如受到外力作用,钻石腰部也常常形成深入其内小而窄的"V"型破口（图7-6）。"须状"腰棱和"V"型破口与钻石的解理性质相关,也是鉴定钻石与仿钻的主要标志。

4.切工质量

与仿钻相比,绝大多数钻石具有较好的切磨质量,除了"面平棱直角尖"的特点,通常具有比例合适、修饰

图7-6　钻石的"V"型缺口

度好的切工特点,棱线一般严格地相交于一点并形成尖锐的角,相邻刻面也严格地相交于一条棱线。钻石仿制品价值较低,切工质量往往较差,常常出现切工比

例失衡、同种刻面大小不等、腰棱上下相对小刻面角顶严重错位的现象。

5.内含物特征

钻石内部可能含有橄榄石、石榴石、辉石、云母等天然矿物包裹体和双晶纹、生长纹等结构现象。人工仿钻材料内部不具有天然矿物包裹体，但是常常具有粉末、气泡等内含物特征，例如CZ；合成莫依桑石内部常常含有细长的白色针状包裹体。因此，内含物是钻石和仿钻鉴定的最根本特征。

（二）仪器检测

1.热导仪

热导仪是区分钻石和仿钻的一种小的便携式仪器，由热探针、电源、放大器和指示系统4个部分组成，其设计原理是钻石具有的极高的导热性。热探针与微型加热器接触，接通电源后加热器将持续供热从而热探针温度升高，当热探针接触钻石表面时，热量迅速散失，通过热电耦测出温度变化，并通过放大器以及读数表或蜂鸣器等指示系统显示结果。除合成莫依桑石外，其他仿钻材料的热导率均远远小于钻石，当接触热探针时无法检测到同样的温度下降。所以，热导仪可以区分钻石和除合成莫依桑石外的所有仿制品。

热导仪使用方法：

(1)室温条件下，擦干净宝石并保持干燥；

(2)打开热导仪开关，调节绿色光标数目，接通电源后预热3min左右；

(3)垂直对准测试宝石台面并施加轻微压力，勿使热探针与金属物品接触；

(4)热导仪传递光和声音信号，显示测试结果。

2.反射仪

反射仪是一种用于检测宝石表面反射能力的小的便携式仪器，主要用于检测钻石和折射率高于标准宝石折射仪范围的宝石，可以区分钻石和合成碳硅石，弥补热导仪的不足。

反射率是表示宝石表面反光能力的重要指标，指当光垂直宝石表面入射时反射光线的强度和入射光线的强度之比。反射率和折射率之间存在以下关系：

反射率(R) = 反射光线的强度 / 入射光线的强度 = $(N-1)^2/(N+1)^2$

式中：N——宝石的折射率。

表7-2为常见仿钻宝石的折射率(N)和反射率(R)。

反射仪用红外光发射二极管(LED)作为入射光源，通过检测和标定由宝石表面反射的光亮来确定表面的相对反射能力从而鉴定钻石和仿钻。

反射仪显示器上的刻度分为高R、低R两档，低R档反射率范围是2.78%～8%，高R档反射率大于8%，测定时两档可以变换。大多数反射仪已经把反射率转换成了折射率，但其测量精度为0.05，所以只适用于折射率大于1.80的宝石。

表7-2 常见仿钻宝石的折射率(N)和反射率(R)

宝石	折射率	反射率(%)	宝石	折射率	反射率(%)
普通玻璃	1.4~1.6	2.78~2.53	锆石	1.92~1.99	9.93~10.96
托帕石	1.61~1.64	4.46~5.88	钆镓榴石	2.03	11.55
尖晶石	1.71~1.73	6.86~7.15	立方氧化锆	2.15	13.33
刚玉	1.76~1.77	7.58~7.73	钛酸锶	2.41	17.09
钇铝榴石	1.834	8.66	钻石	2.42	17.23
合成莫依桑石	2.65~2.69	20.29~20.97	合成金红石	2.6~2.9	19.75~23.73

反射仪和热导仪联用可以比较准确地区别钻石和仿钻,但是值得注意的是,合成莫依桑石在空气或氧气中经高温处理后,表面可以形成一层二氧化硅的薄膜,降低了合成莫依桑石的反射率,从而使其在反射仪上的读数与钻石相似。

3.紫外荧光灯

紫外荧光灯适用于检测群镶钻石或仿钻的首饰。群镶钻石在紫外荧光下发光性完全不同,可能为惰性或发出不同颜色和强度的荧光。群镶仿钻材料的发光性完全不同,其荧光强度或颜色完全相同。

4.偏光仪

钻石是均质体宝石,在正交偏光下显示全消光或异常消光现象,所以偏光仪可以用来检测具有双折射现象的仿钻,例如,合成莫依桑石在正交偏光下具有4次消光现象。

5.密度计和比重液

利用静水称重的方法,可以区别钻石和仿钻材料。此外,利用二碘甲烷比重液可以区别钻石和合成莫依桑石,钻石在二碘甲烷溶液中下沉而合成莫依桑石则上浮。

此外,利用X射线荧光光谱仪、紫外-可见光光谱仪等大型仪器也可以用来鉴定钻石和仿钻。

6.莫依桑石/钻石检测仪

热导仪不能分辨钻石和合成莫依桑石,美国C3公司设计生产了590型莫依桑石/钻石检测仪,用于热导仪测试之后分辨钻石和合成莫依桑石,其设计原理是钻石与合成莫依桑石在近紫外光区(425nm)具有不同的透光性。该仪器必须与热导仪配合使用,当热导仪显示样品可能是钻石时才可以使用莫依桑石/钻石检测仪。

7.Moissketeer 2000 sd 和 Conductor 2001

合成莫依桑石是半导体,而除含硼的蓝色钻石外,钻石不具有导电性。这两种仪器的原理基本相同,是利用了莫依桑石的导电性设计而成。需要注意的是,这两种仪器也必须配合热导仪使用,因为某些仿钻材料如 CZ 也不具有导电性。

第三节　钻石的优化处理及鉴定

钻石是珍贵、稀有的资源,但是达到宝石级的钻石毕竟比例很少,为了更充分地利用自然资源,提高钻石的价值,世界上越来越多的机构都在关注钻石优化处理的研究。

钻石的优化处理是指以改善钻石的外观为目的,利用除打磨、抛光以外的技术手段来提高或改变钻石的净度、颜色等外观的一切方法,具体包括辐照与热处理、激光打孔、充填处理、覆膜处理和高温高压处理等技术方法。

一、涂层和镀层

这是改善钻石颜色外观最传统的优化处理方法,已经有 400～500 年的历史。根据颜色互补的原理,在钻石的亭部表面涂上或利用氟化物镀上一层带蓝色的、折射率很高的物质,钻石本身的黄、褐色可以得到淡化,因此可以提高钻石的颜色级别外观。墨水、油彩、指甲油等都曾被作为着色剂使用。

涂层和镀层钻石一般比较容易鉴定,利用反射光观察,表面因光的干涉、衍射等作用常常体现晕彩效果,也可以利用化学试剂擦拭或钢针刻划等方法进行鉴定。经过这种方式处理的钻石往往采用亭部包镶的方法,这种情况下会有一定的鉴定难度。

二、辐照改色钻石

钻石的辐照改色是利用诸如 α 粒子、中子等高能射线对钻石进行辐照并改变其颜色的技术方法。利用辐照可以产生不同的色心,从而改变钻石的颜色,辐照钻石几乎可以呈任何颜色。辐照改色后的钻石常常存在颜色不稳定的问题,所以常常在辐照后配合加热处理的方法。

1971 年,曾有人高价售出一颗 104.52ct 的金黄色垫型钻石。事后获悉,这颗钻石即本色为浅黄色、原重 104.88ct 的"Deepdene"(深沙丘)钻石,其颜色为辐照致绿后经热处理改为金黄色。这是钻石辐照改色最为著名的案例。

1.辐照改色的方法

钻石辐照改色主要包括以下几种方法,其中中子辐照处理和高能电子束辐照处理是目前普遍采用的方法。

(1)中子辐照处理:这种方法为最常用方法之一,是利用核反应堆释放出的高能中子束辐照处理钻石。中子辐照的钻石具有比较均匀和稳定的蓝色或绿色,其颜色饱和度取决于中子束的能量大小、辐照时间和钻石的颗粒大小。中子辐照具有时间短、效果好、效率高和成本低的特点,改色后产生的放射性在较短时间内可以消除。

(2)高能电子束辐照处理:这种方法也是目前常用的钻石辐照处理改色方法,辐照后颜色多为比较均匀的蓝绿色和蓝色,并且主要集中在钻石的近表面位置。

(3)重带电粒子辐照处理:重带电粒子主要包括α粒子和质子,辐照后钻石颜色效果主要呈现绿色色调。重带电粒子的辐射源主要包括核反应堆、重放射性核素和粒子回旋加速器。利用粒子回旋加速器处理的钻石常常产生绿色、蓝绿色和黑色,但是颜色常常不均匀,在钻石表面常形成绿色斑点并且颜色主要集中在辐照方向上。

(4)γ射线辐照处理:γ射线辐照钻石常采用 ^{60}Co 作为辐照源,可以形成绿色、蓝绿色等均匀颜色。这种方法的缺点是工作效率低,辐照改色的时间较长。辐照后钻石的颜色为多种类型色心的综合表现,颜色往往不稳定,并且也常常不是需要的颜色。热处理可以通过消除某种不稳定的色心、增强另一种色心来改变并稳固钻石的颜色。钻石辐照并进行热处理后可以形成漂亮的蓝色、绿色、粉红色、红色和金黄色等各种颜色。

2.辐照处理钻石的鉴定

辐照改色钻石的鉴定是一个比较复杂的难题,通常需要利用紫外—可见光光谱仪、傅立叶红外光谱仪和阴极发光仪等仪器进行鉴定。下面从辐照钻石的颜色分布、谱学特征和导电性等几个方面进行分析。

(1)颜色分布特征。天然致色的彩色钻石,其色带为直线状或三角形状,色带与晶面平行。利用回旋加速器辐照改色钻石的颜色分布位置及形状与钻石琢型及辐照方向有关。从亭部方向对圆多面型钻石进行轰击时,透过台面可以看到辐照形成的颜色呈伞状围绕亭部分布。若从钻石冠部轰击钻石,则可以观察到围绕钻石腰部形成一个深色环;若从侧面轰击钻石,钻石靠近轰击源一侧的颜色明显加深。

(2)吸收光谱。辐照改色后的红色系列钻石常常显示橙红色的紫外荧光,可见光谱中有 570nm 荧光线(亮线)和 575nm 的吸收线,大多数情况下还伴有 610nm、622nm 和 637nm 的吸收线。

钻石经辐照和加热处理后可产生的金黄色是由 H_3 和 H_4 色心引起的,且以 H_4 色心为主,而天然黄色钻石没有 H_3 或 H_4 色心不明显。金黄色钻石的吸收光谱中若存在由 H_4 色心引起的吸收线,则证明钻石颜色是辐照的结果,但若缺失 H_4 色心则不能说明钻石颜色是天然的。辐照致色的黄色钻石可能存在 595nm 的吸收线,但是经过热处理后 595nm 吸收线将消失,但是在红外光谱区

将出现 H_{1b}(2 024nm)和 H_{1c}(1 936nm)线。根据目前的研究,辐照处理的黄色钻石中必然存在 595nm 吸收线或 H_{1b} 和 H_{1c} 吸收线,因此 595nm 或 H_{1b} 和 H_{1c} 线的出现,将是辐照钻石的鉴定依据。

天然蓝色钻石和辐照改色的蓝色钻石鉴定可以依据导电性。天然蓝色钻石都是Ⅱb型,由于含微量元素B而具有导电性,而辐照而成的蓝色钻石则不具导电性。此外,Ⅱb型天然钻石能透过波长大于 225nm 的短紫外线,而辐照改色的蓝色钻石不能透过波长短于 300nm 的短波紫外线。但是值得注意的是,合成的Ⅱb或Ⅱb+Ⅱa型蓝色钻石也具有导电性。

天然绿色钻石和辐照改色的绿色钻石比较难以鉴别,光谱分析可以为鉴定这两类钻石提供参考和依据。许多天然钻石晶体由于受到放射性元素的影响常常形成绿色表皮,并且表皮上常常分布黑绿色斑点,但是经过加工抛磨后则往往属于 Cape 系列。整体为绿色的天然钻石非常少见,比较著名的是重达 41ct 的"德莱斯顿"钻石。

三、高温高压处理钻石

1.GE-POL 钻石

1998年,美国通用电气公司(GE)采用高温高压(HTHP)的方法将比较少见的Ⅱa型褐色钻石处理成为无色钻石,通过这种处理方法改色的钻石称为高温高压修复型钻石。由于这种钻石是通过以色列 Lazare Kaplan 的安特卫普分公司 Pegasus Overseas Limited(POL)销售,所以又称为 GE-POL 钻石。

经过处理后的 GE-POL 钻石颜色通常为 D-G 色,高温高压条件下常常围绕内含物晶体出现明显的一圈应力裂纹或晕圈,某些原本深色的钻石处理之后部分晶格平面上仍残留着原色。在正交偏光下,整体显示全消光,但是仍有似格子状应力图案残存。激光拉曼谱学特征有利于鉴定这种方法处理的钻石,一般认为 3 760cm^{-1} 的峰线是关键的鉴定依据。对于这种钻石,通用电气公司曾承诺由他们处理的钻石在腰棱表面用激光刻上"GE-POL"或"Bellataire"字样。

2.Nova 钻石

Nova 钻石也是通过高温高压(HTHP)方法进行颜色优化处理的产物。1999年,美国诺瓦公司(NovaDiamond)采用高温高压(HTHP)的方法将常见的Ⅰa型褐色钻石处理成鲜艳的蓝色、黄绿色钻石,该类型钻石又称为高温高压增强型钻石或诺瓦(Nova)钻石(图7-7)。

图7-7 Nova 钻石

这种类型的钻石发生强的塑性变形,异常消光强烈,并且显示强蓝色、黄绿色荧光。利用激光拉曼光谱分析,Nova 钻石在 $2\,087\text{cm}^{-1}$ 和 795cm^{-1} 处存在较强的吸收峰。

四、激光打孔

1.传统的激光打孔处理技术

当钻石中含有固态包裹体,特别是有色和黑色包裹体时,会极大地影响钻石的净度外观。利用激光烧蚀钻石,形成达到黑色包裹体的开放性通道,再用强酸溶蚀黑色的包裹体,从而可以提高钻石的表观净度。激光打孔后形成的孔道往往充填玻璃或其他无色透明的物质(图 7-8)。

为了使激光孔道不易发现,打孔位置往往在钻石腰部下方或亭部,仔细观察可以在钻石表面发现黑色的激光孔眼,垂直亭部刻面观察常常能够发现白色的激光孔道。目前激光打孔直径仅为 0.015mm,因此激光孔更加难以观察。

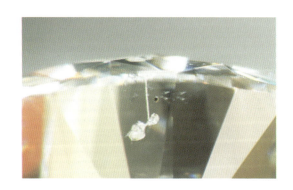

图 7-8 激光孔道

2.应力裂隙法

应力裂隙法又称为"KM"法,利用激光加热黑色的包裹体,使包裹体的体积膨胀,诱发达到钻石表面的开放裂隙,再用强酸溶蚀黑色的包裹体。

在"KM"法处理的钻石中,可见虫孔式激光孔道出露到钻石表面,呈不自然状弯曲的裂隙,两侧深处也常形成较多裂隙,这是"KM"法处理钻石的典型特征。此外,在激光处理的连续裂隙中也常常残留有未被完全处理掉的零星黑色物质。

五、裂隙充填

20 世纪 80 年代,以色列 Ramat Zvi Yehuda 发明了用外来物质充填处理钻石的解理、裂隙、空洞和激光孔的技术方法,以改善钻石的净度外观。

经过充填处理的钻石称为裂隙充填钻石,充填物一般为高折射率的玻璃或环氧树脂。尽管钻石经过裂隙充填后可提高净度外观,但是不再做净度和颜色分级。

通过放大观察可以鉴定钻石是否经过裂隙充填,此外也可以利用通过 X 光照相等手段进行鉴定。

（一）放大观察

1.闪光效应

放大观察时可以发现充填裂隙中具有明显的闪光效应,闪光效应是充填处理钻石最典型的鉴定特征。一般而言,亮域照明下常见绿色闪光,暗域照明下常见紫红色闪光(图7－9)。值得注意的是,某些未经充填具有裂隙的钻石也常常会因为裂隙中空气或水的干涉作用引起"薄膜虹彩效应",有时会误认为是"闪光效应",所以应加以区别。虹彩效应同时会显示红、橙、黄、绿、青、蓝、紫等颜色,而闪光效应出现的颜色相对单一,并且同一个充填裂隙在暗域或亮域的不同光照条件下所显示的颜色不同。此外,未充填裂隙一般有羽毛状外观,容易识别和发现,而充填裂隙的可见度低,不借助闪光效应很难发现。

图 7－9　充填处理的闪光效应

2.流动构造和气泡

在充填的裂隙内,充填物通常保留充填过程中的流动构造,通过放大观察可以发现这一构造特征。在充填的裂隙中常常会有气泡存在,在暗域照明条件下呈规则或不规则的透明亮点,有时捕获的气泡看上去像一组指纹状包裹体。流动构造和气泡是裂隙充填的重要鉴定依据。

3.表面残余

有时仔细观察,在钻石表面常常残留部分充填物。残留于裂隙入口处呈雾状,残留于表面时像抛光过程留下的烧痕,但是烧痕一般分布面积较大,与裂隙无关。

(二)仪器检测

1. X 光照相

钻石在 X 光下呈高度透明,而充填物近于不透明(因含有 Pb、Bi 等元素),充填区域在 X 光照片中呈白色轮廓。X 光照相是一种能够准确检测钻石裂隙充填的方法。照相时应注意充填方向与 X 光底片的关系,当充填裂隙的平面垂直于底片时,曝光底片上可以清晰显示充填区域;当充填裂隙平行于底片时,X 光照相就不能很好地显示出充填物质。

2. X 荧光能谱

X 荧光能谱仪检测充填物中的微量元素(特别是 Pb)并可提供确实可靠的证据。

3. 激光拉曼光谱

通过激光拉曼光谱可以分析充填的物质成分。钻石在 $1\,330\,cm^{-1}$ 处有明显的吸收峰,若有玻璃充填则在 $830\sim930\,cm^{-1}$ 处有一个较宽的吸收谱带,若为树脂充填则在 $1\,100\sim3\,000\,cm^{-1}$ 范围内有多个吸收峰。

六、钻石膜

20 世纪 80 年代初,日本科学家用化学气相沉淀法(CVD 法)以较快的速度制成了钻石膜(简称 DF),引起美国及其他各国的重视。钻石膜是指用 CVD 方法生长的由碳原子组成的具有钻石结构和物理性质、化学性质、光学性质的多晶体材料。

天然钻石是单晶体矿物,钻石膜是多晶体材料。放大观察钻石膜表面,通常为粒状结构,而天然钻石通常不存在粒状结构,这是鉴定钻石膜的重要依据。此外,天然钻石和镀膜钻石的拉曼光谱特征具有很大差异,拉曼光谱分析也是测定钻石膜的重要方法。天然钻石的特征峰是在 $1\,332\,cm^{-1}$ 处,因为它是单晶,所以峰的半高宽(FWHM)窄。优质 DF 钻石膜的特征峰在 $1\,332\,cm^{-1}$ 附近,峰的半高宽较宽,质量差的 DF 钻石膜的特征峰频移大,强度减弱,甚至在 $1\,500\,cm^{-1}$ 附近出现一个宽峰(图 7-10)。

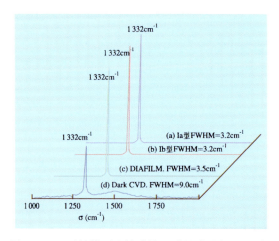

图 7-10 天然钻石和镀膜钻石膜的激光拉曼光谱

第八章 钻石贸易与市场

钻石,宝石中的王者,它光芒璀璨,折射着七彩的人生。自从世人认识钻石后,它就成了权利与财富的象征和王公贵族追逐的对象。由于钻石 4C 标准的推广和国际化的销售模式,今天钻石已不再是上流社会的财富标志和时尚专利,世界上任何一个普通消费者拥有自己心仪的钻石都已成为可能。人们不但借助钻石来表达感情,也把钻石用于投资收藏。钻石贸易是全球化的贸易,钻石市场也是国际性的市场,并且钻石产品往往与世界金融关系密切,这是钻石与其他宝石完全不同的地方。

第一节 戴比尔斯和钻石的国际贸易

一、戴比尔斯的历史

戴比尔斯集团是世界上最大的钻石矿业公司,它在保持世界钻石业稳定发展的格局中扮演着决定性的作用。目前其采矿主要通过 Debswana、Namdeb 等公司进行,是戴比尔斯与博茨瓦纳、纳米比亚和坦桑尼亚的政府合作项目,2007 年戴比尔斯位于加拿大西北部地区的 Snap Lake 钻石矿已开始投产。

戴比尔斯集团的历史伴随南非钻石的发现而演进。1869 年至 1871 年间,在南非奥伦治河谷地区及 Vaal 河谷地区开始了大规模的钻石砂矿淘采活动,后来大规模的钻石资源发现于内陆地区,包括在 Vooruitzigt 农场。Vooruitzigt 农场由荷兰 Johannes Nicholas De Beer 和 Diederik Arnoldus De Beer 两兄弟于 1860 年以 50 英镑从政府购得。当淘钻热潮波及农场时,兄弟俩以 6 300 英镑向 Dunell Ebden & Co. 出售了该农场。不久这里发现了金伯利岩并开始开采钻石,戴比尔斯公司的名字就是沿用拥有这片农场的兄弟的姓。

1870 年戴比尔斯的始创者英国人赛西尔·罗德兹来到南非,投奔他哥哥在金伯利附近开采钻石。实际上到 1871 年金伯利已成为主要的钻石开采地。不久,罗德兹先生发现,由于每个矿主的开采范围仅为 30 英尺。尽管早期还可以工作,但开采到一定深度以后将无法继续,所以他希望与相邻的矿主合并以拓宽可以采掘的范围。两兄弟首先与相邻的 Charles Rudd 商谈合作,Charles Rudd

同意将其业务转为矿山服务,例如制冰、矿山排水等,由矿山服务产生的利润,他们可以在法律允许范围内再合并相邻的小矿。1876 年限制单个矿山范围的法律取消、允许联合公司在更大范围内开采。至 1878 年原来的 3 600 多个矿主联合、合并成立 96 个公司,到 1882 年时仅有 50 家公司继续开采活动。接下来的几年中,罗德兹兄弟不断合并其他矿山和公司,到 1887 年时基本完成收购任务,并于 1888 年 3 月 12 日正式成立戴比尔斯联合矿业公司。

1890 年,戴比尔斯与伦敦钻石联合体签署协议,所有戴比尔斯矿山生产的钻石只销售给联合体内的钻石商。后来,戴比尔斯总裁欧内斯特·奥本海默不但强化了这种运作方式,并进一步扩大、完善,最终于 1930 年建立了戴比尔斯中央统售机构(CSO)。中央统售机构的主要任务是代表钻石生产商进行统一市场营销,通过这一模式,不但稳定了钻石市场和价格,并使钻石生产商度过了 20 世纪初的经济萧条困难时期。20 世纪 30 年代戴比尔斯开始进行钻石广告宣传,1947 年诞生了"钻石恒久远,一颗永留传"的广告语。

1999 年,戴比尔斯对公司的策略进行了调整,与著名奢侈品品牌 LVMH 成立合资公司,从事戴比尔斯钻石首饰的零售,目前已在英国、美国、日本、法国、阿联酋、中国大陆和中国香港开设了零售店。同时将中央统售机构更名为 DTC(Diamond Trading Company)。DTC 主要负责钻石毛坯的分类、评估和销售,以及钻石的全球市场营销。

在商品经济发达的今天,没有哪种商品比金刚石更具有垄断性特点。目前,戴比尔斯南非的钻石矿山生产的钻石毛坯占世界产量的 40%。此外,通过与俄罗斯合作,目前戴比尔斯的销售与市场营销机构——DTC 向全球供应 45% 的钻石毛坯,事实上,DTC 所供应钻石占全球钻石价值的 60% 以上。2011 年,DTC 钻石毛坯销售额为 65.7 亿美元(如表 8-1)。

二、戴比尔斯对钻石贸易的作用

戴比尔斯集团对钻石业的作用主要反映在 3 个方面:寻找新的钻石资源;对钻石毛坯进行统一分类、估价;推广钻石,扩大钻石的世界性需求。

从根本上来说,戴比尔斯集团是钻石矿业公司,其核心业务和优势在于钻石的找矿、勘探及开采。目前,戴比尔斯集团拥有由 2 000 多位地质学家组成的钻石找矿、勘探队伍,他们在五大洲开展钻石找矿及相关研究工作。目前的找矿工作主要集中在南非以及加拿大、印度。

事实上,作为一家资源型公司,保持公司在行业的竞争优势的关键取决于其拥有资源的程度和发现新资源的能力。进入 2007 年以来,这一原则得到了更加明确的体现。首先,戴比尔斯集团转让了一些产能较低的钻石矿山,例如发现过世界上最大的钻石——库里南钻石的库里南矿、南非钻石业的摇篮金伯利矿。

表 8—1　1982—2011 年戴比尔斯年度金刚石原石市场销售额

年	销售额（亿美元）	年	销售额（亿美元）	年	销售额（亿美元）
1982	12.57	1992	34.17	2002	51.54
1983	15.99	1993	43.66	2003	55.18
1984	16.13	1994	42.50	2004	57.00
1985	18.23	1995	45.31	2005	65.50
1986	25.57	1996	48.34	2006	61.40
1987	30.75	1997	46.40	2007	60.70
1988	41.72	1998	33.45	2008	55.45
1989	40.86	1999	52.40	2009	31.35
1990	41.67	2000	56.39	2010	50.80
1991	39.27	2001	44.51	2011	65.70

其次，戴比尔斯增加了在钻石资源寻找方面的投入，一方面是加紧了在博茨瓦纳、纳米比亚等国家的钻石找矿工作；另一方面，实施俄罗斯普京总统与戴比尔斯主席利奇·奥本海默之间达成的合作备忘录，共同开展在俄罗斯的钻石找矿工作以及在南非的钻石勘探工作。

由于钻石珍贵稀有、价值高昂，因此钻石毛坯的分类、评级显得尤为重要。尽管钻石有标准的结晶形态，但天然钻石的毛坯有各种形状、各种颜色、各种大小及各种质量，而且不同矿山有自己特定的产品组合，即使同一矿山在不同开采水平上其出产的钻石特征也会有变化，同时，市场上钻石需求的变化也会影响钻石毛坯的价值走向。但是从各方利益综合考虑，尤其考虑到在博茨瓦纳、纳米比亚及坦桑尼亚的合作公司所开采的钻石毛坯需要有客观、公正的钻石毛坯分类、评估，所以目前 DTC 在伦敦、博茨瓦纳及纳米比亚的钻石毛坯分类、评估专家将钻石毛坯分为 16 000 种级别。DTC 公司有一本"钻石毛坯价目"书，该价目对钻石出产国、钻石矿山、DTC 看货商都是公开的价格指导。

2011 年 12 月 20 日，DTC 公布了新一轮看货商名单，这些看货商的合同为 2012 年至 2015 年。总体来看新一轮合约看货商数量基本维持不变，但是看货地分属博茨瓦纳、加拿大、伦敦、纳米比亚、南非和工业钻石看货商。

全球范围内目前（2011 年）有 75 位看货商（sight holder），他们是世界上重要的钻石加工商和钻石毛坯分销商，拥有悠久的钻石从业历史和良好信誉。他们绝大多数来自世纪四大钻石切磨中心：美国、比利时、以色列或印度，其中来自中国香港的周大福、周生生和永恒钻石也是 DTC 的看货商。DTC 每 6 个星期举办为期一周的看货会,称为 Sight Week,这些看货商大约每 6 个星期前往指定地址购买钻石毛坯,这些钻石毛坯大部分会按照看货商预先的申请配备,组成一个 Sight Box。尽管随着 DTC 在博茨瓦纳和纳米比亚的正式运营,看货会的运作方式可能会有一些变化,但长期以来操作方式却一直比较固定,看货商可以检查 Box 里货品的组成情况、核算成本、市场销售情景等,但看货商无权挑选货品也无权对所提供货品的价格提出折扣要求。对于某些特殊的钻石(Specials),例如质量大于 10.8ct 的钻石原石,通常采用议价的方式进行销售。

戴比尔斯一直致力于钻石推广活动以增加全球范围内消费者对钻石的需求,每年大约留出 2 亿美元的经费,在主要钻石市场开展钻石的广告、推广、公关,增加消费者对钻石的认知、增加业者对钻石的信心、树立钻石的良好形象。钻石推广中心的任务是为钻石建立美好形象,展示和介绍各种饰品,为钻石首饰销售业提供店铺装饰和促销宣传品,进行行业培训,教授钻石知识,刺激钻石需求,指导钻石销售技巧,以及在广播电视和报刊杂志上做广泛的宣传和介绍。

三、戴比尔斯的新型市场策略

20 世纪末,戴比尔斯的市场垄断地位不断受到挑战。为了适应新的市场变化和需求,也为了巩固公司在国际钻石舞台上的地位,进入新世纪以来,戴比尔斯进行了重新定位,公司发展的战略规划更大程度上体现了市场化运作的策略和思路。具有代表意义的是 2000 年戴比尔斯宣称不再致力于控制钻石原石的供应,而是将主要精力置于全球钻石市场需求的培育方面,并由 DTC(国际钻石商贸公司)代替了传统的 CSO 组织。DTC 的任务是将钻石销售给优质的客户,它不再控制钻石的价格,它的利益维护目标已经由全球钻石业转变为本公司和公司固定客户。近年来,由 DTC 全力策划并推出了"最佳供应商"策略和"最佳执业"守则。

"最佳供应商"策略的目的是与 DTC 客户建立更紧密的伙伴合作关系,鼓励客户开展全新的市场营销计划,推动消费者的需求。"最佳供应商"策略包括强化钻石推广、协助客户优化钻石分销渠道、提供稳定钻石供应以满足各类型钻石商需求等内容,是戴比尔斯进行市场化角色转变的具体措施,期望由钻石业界的"监护人"角色转变为首选的钻石毛坯供应商。

"最佳执业守则"号称是"鼓励同业遵守的最高专业及道德标准",它是一项旨在展示和巩固戴比尔斯的良好国际形象、维护钻石业的整体利益和强化消费者钻石消费信心的措施。目前,DTC 钻石贸易公司以同意遵守该守则作为获得其供货商的条件,也鼓励主要钻石切割中心的业内贸易机构执行这套守则。"最佳执业守则"的一项最重要的原则是防止"来自冲突地区的钻石"渗入合法钻石业界进行买卖交易。此外,"最佳执业守则"鼓励执业者关心员工健康安全和身心发展,倡导创造良好的工作环境以及经营活动应符合国际对环境保护的标准。

2011年11月4日De Beers集团主席Nicky Oppenheimer宣布将出售Oppenheimer家族所持有的De Beers集团40%的股份给英美资源集团(Anglo American),成交价为51亿。这样英美资源集团将拥有De Beers集团85%的股份。戴比尔斯(De Beers)主席Nicky Oppenheimer发表声明表示:"这是一个非常困难的决定,Oppenheimer家族已经在钻石业经营了100年,戴比尔斯(De Beers)品牌就占据了80年,但是这个决定是基于最好的结果,Anglo American从1926年起就是戴比尔斯(De Beers)集团的大股东,非常了解公司的发展方向,我相信他们一定会为公司的进一步发展带来很大的帮助。"

第二节 钻石的销售渠道

20世纪的绝大部分时间里,由于戴比尔斯的努力,钻石销售基本保持单一的渠道方式,但是自1996年以来,尽管戴比尔斯仍然掌握着主要的钻石原石市场,但其垄断地位已经受到挑战。目前钻石主要通过两种形式进行销售和流通,除DTC的统一销售模式外,另外一部分不受DTC控制的钻石毛坯主要通过设立在安特卫普的开放市场进行销售。钻石的销售渠道示意图如图8-1所示。

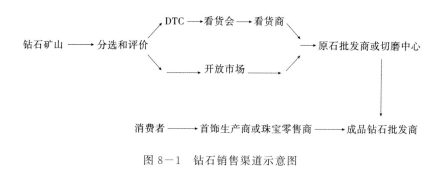

图8-1 钻石销售渠道示意图

钻石毛坯通过交易进入市场后,将很快进入切磨环节和成品流通环节,这一阶段的钻石主要集中在世界著名的切磨和贸易中心。钻石切磨是一项历史悠久的传统工艺,切割活动主要分布在重要的传统切磨中心,目前美国的纽约、比利时的安特卫普、以色列特拉维夫及印度孟买是世界公认的切磨中心,同时它们也是世界著名的钻石贸易中心。

在原石销售过程中,DTC与钻石矿签订契约,在5年内以定价收购所开采到的钻石。然后，该公司把所购入的钻石原石运往在伦敦的办事处，加以分类并评级（共分1.4万种），拿到展销会去出售。

  DTC每年举办10次展销会，邀请全球最重要的75名钻石经销商及钻饰制造商前来，以一小包一小包的形式购货。每一小包里钻石的数量和大小都由中央销售组织决定，售价也由该公司厘定。买家不得讨价还价，除非钻石的质量超过10ct。展销会之后，钻石原石就送到各个加工中心雕琢打磨。纽约、安特卫普和特拉维夫的加工中心通常处理较大、较昂贵的钻石，较小的则送往印度琢磨。

  安特卫普是世界最大的钻石切磨中心和贸易中心，全球50%的已雕琢钻石和85%的钻石原石在那里交易，目前在安特卫普聚集了大约有50多位DTC看货商、300多家钻石加工企业和8000多名技术精湛的技师，钻石年贸易额高达200亿美元以上，世界上超过80%的钻饰毛坯在这里销售，具有"世界钻石之都"的美誉。安特卫普世界钻石中心（AWDC）作为比利时钻石行业的官方机构负责协调行业的发展、建立钻石行业与政府沟通的桥梁。特拉维夫在钻石加工和贸易方面的地位仅次于安特卫普，近几年的贸易额高达50多亿美元；以色列政府给与钻石加工业外汇兑换津贴、银行低息贷款和优惠的税收政策等国家扶持，此外，特拉维夫还具有完善的市场条件、高效的行业管理机构和先进的切磨技术，这些都极大促进了以色列钻石业的发展。纽约的曼哈顿47号是世界著名的钻石街，众多的珠宝商聚集在这里，进行钻石加工和贸易活动，由于纽约的劳动力成本高昂，所以这里主要加工大颗粒和高品质的钻石，其中以2ct以上的钻石为主。印度具有劳动力成本低的优势，上世纪70年代后孟买逐渐发展成为重要的钻石集散地和切磨中心，主要加工质量较小和品质较低的钻石，但"印度工"的切工质量相对较差。近些年来，泰国、俄罗斯和中国的钻石加工业也迅猛发展，此外，作为重要的钻石贸易和零售市场，中国、香港、日本和新加坡也越来越引起世界瞩目。

  钻石商进行原石和成品钻石交易主要集中于钻石交易所，目前世界上的钻石交易所共有20多家，分布在伦敦、安特卫普、纽约、特拉维夫、孟买、新加坡和曼谷等地，2000年中国大陆的第一家钻石交易所成立于上海。世界钻石交易所联合会（World Federation of Diamond Bourses，WFDB）是包括20多家钻石交易所的国际性组织，其宗旨是增进各交易所成员之间的相互了解、形成统一的钻石贸易规则和保护所有交易所成员的会员公司的利益。钻石交易所的成员公司必须具备较雄厚的实力和良好的信誉，任何交易所的会员违反了任一交易所的规则，将会被公布除名并不得进入联合会所属的任一交易所。

第三节 安特卫普和 HRD Antwerp

在拥有 500 多年历史的"钻石之都"安特卫普,聚集了全世界 85% 的钻石加工行业,全世界各大钻石矿区出产的毛坯钻均被送往此地进行切割、打磨、鉴定和交易。在这个神秘之地,原石顷刻间绽放出完美的火彩,倾心钻石的人们如朝圣般赶往安特卫普,以期能淘到梦想中的"星星的碎片"、"诸神的泪珠"。如今,安特卫普每年交易世界上 80% 的钻石毛坯和 50% 的成品钻石。安特卫普是名副其实的世界钻石之都。

在比利时安特卫普 HRD Antwerp 的钻石博物馆里,陈列着的 2 500 多件钻石饰品在灯光下熠熠发光。Diamond High Council—HRD(译名比利时钻石高层议会),成立于 1973 年,主要协调比利时钻石业的活动。长久以来,HRD Antwerp 已经成为比利时和国际认可的官方组织,担当着安特卫普钻石行业组织者、发言人以及媒体的角色。与此同时,HRD 还提供各种服务,例如出具钻石证书,组织钻石鉴定培训课程,进行科学和技术研究,生产钻石加工、鉴定设备,以及通过钻石署进行的钻石进口和出口。

作为全世界最权威的钻石检验、研究和证书出具机构之一,HRD Antwerp 走在全球钻石加工和检测技术、设备研究的最前沿,是将钻石科技成果商业化并具体应用到钻石生产中去的先锋力量。同时,HRD Antwerp 实验室也是全球设备最齐全、技术手段最先进的钻石实验室之一,由 HRD Antwerp 出具的钻石鉴定证书是质量和权威的保证。HRD 实验室是世界上第一个按照 IDC(世界钻石委员会)钻石分级规则建立的钻石分级实验室,也是世界上第一个 ISO(世界标准化组织)(NBN EN ISO/IEC 17025)认证的钻石分级实验室。

HRD Antwerp 出具的钻石鉴定证书是质量和权威的保证。根据市场的发展和需求,HRD Antwerp 研究推出了以下几款不同种类的证书:

1. HRD 钻石证书(diamond certificate)

HRD 钻石证书是针对市场常见的无色到浅黄色的钻石出具的钻石分级证书(图 8-2)。除了描述钻石的 4C 特征以外,HRD 钻石证书还特别对钻石的切割比率做了详细的测量报告,并记载在证书上,如台面(Table)、腰厚(Girdle)及亭深(Pavilion—Depth)等。如此一来,便使得消费者更易察觉钻石及证书的真伪。

2. HRD 钻石鉴定报告(diamond identification report)

HRD 钻石鉴定报告是专门针对质量小于一克拉的钻石出具的钻石分级报告(图 8-3)。

图8-2　HRD钻石证书

图8-3　HRD钻石鉴定报告

3. HRD彩钻鉴定证书(diamond colour certificate)

HRD彩钻鉴定证书是专门针对彩色钻石出具的彩钻鉴定证书(图8-4)。其中描述了彩色钻石的颜色等级(Colour grade)。

4. HRD首饰鉴定报告(jewellery report)

HRD首饰鉴定报告是专门针对钻石首饰成品出具的鉴定报告(图8-5)。报告对首饰成品及钻石进行了描述,并附有首饰成品图片。

另外,针对目前市场上出现的许多经过人为后期处理的天然钻石,HRD Antwerp特地根据市场需要推出了处理钻石鉴定证书(Treated Diamond Certificate),对一些经过人为处理的钻石进行描述(如高温高压HPHT改色及激光打孔)。

第八章　钻石贸易与市场

图 8-4　HRD 彩钻鉴定证书

图 8-5　HRD 首饰鉴定报告

每份 HRD Antwerp 开具的证书都有一个专属的编号(Certificate no)建立在 HRD Antwerp 数据库中。该编号也出现在每颗钻石相应的 HRD 证书或报告中。所有 HRD Antwerp 证书的结果将被存档保留。HRD Antwerp Certificate Link 提供 HRD Antwerp 证书的在线查询。凡是 2008 年 1 月 1 日以后出具的 HRD 钻石证书、钻石鉴定报告和彩钻鉴定证书,只需要登陆 HRD Antwerp 的在线查询地址:www.hrdantwerplink.be,都可以在 HRD Antwerp 查询到相应的证书信息。HRD Antwerp 证书链接的网站有英文版、土耳其语版、中文版、粤语版和阿拉伯语版,是消费者直接进入其庞大的资料库并确认证书有效性的一种方便而快捷的途径。

第四节 成品钻石价格体系

一、成品钻石价格体系

钻石之所以具有一个稳定、全球化的价格体系,根本上在于钻石有一套科学的、严格的和国际公认的质量评价体系,即钻石的4C分级系统。成品钻石是"因材施艺"的结果,包含有钻石品质和工艺质量两个方面的价值,因此克拉质量、颜色、净度级别和切工质量是决定钻石价格的基础条件。此外,钻石价格还受到加工成本和市场供求关系的影响。

在科学技术高度发达的今天,虽然钻石加工设备有了相当的改进,但钻石的切磨、加工仍然是一项以手工操作为主的工艺,需要娴熟的技术、丰富的经验及全神贯注的投入,才能实现对钻石的完美切割。因此克拉数越大、质量级别越高、结构越复杂的钻石,切割的成本越高、风险也越大。总之,最终成品钻石的大小、质量和价格与切割中心的劳动力成本有密切的关系。例如,纽约的劳动力成本远远高于其他切割中心,而泰国、印度的劳动力成本则较低。此外,即便同一颗钻石毛坯,若切工质量要求不同,则加工成本也不相同。此外,值得注意的是,钻石的加工设计也可能影响到成品钻石的出成率和净度级别,所以也是影响钻石价格的一个重要因素。

从商品的角度来说,钻石不是生活必需品。生活必需品如粮食、石油等其市场规模基本是稳定的,而钻石市场需求情况会随政治形势、经济形势、地方货币汇率等而发生变化。如20世纪50年代,西方经济蓬勃发展、就业率提高、居民收入增加,则钻石市场需求旺盛;1996年下半年后,以泰国、印度尼西亚、马来西亚等国家为首的东南亚国家发生了金融危机,导致所有波及国家的经济增长下滑,钻石市场呈现负增长。为了保证钻石市场的长期稳定与发展,适当调控对市场的钻石毛坯供应,有利于保证钻石市场的供求平衡,从而达到稳定钻石价格的目的。

如前所述,成品钻石的价格除受钻坯价格的影响外,还受切割成本及市场供求关系的影响。为了避免钻石投机商介入钻石贸易,全球钻石交易机构均对此有严格的防范措施。因为任何投机活动仅对少数人有利,而使大多数人遭受损失,并导致某些品种钻石价格的短期暴涨、带来钻石价格的波动,这是整个钻石行业所不愿意看的,也是消费者所不愿意发生的。

在这样的背景下,产生了一些成品钻石价格报价体系,其中有代表性的是

Rapaport 集团公司的报价体系。总部位于纽约的 Rapaport 目前在拉斯维加斯、安特卫普、维琴察、特拉维夫、迪拜、孟买、中国香港等地设有办事处。Rapaport 的钻石报价分圆型钻石和花式切割钻石，圆钻型钻石价格每周报一次，花式切割钻石的价格每月更新一次，目前只涉及梨形钻石、橄榄形钻石和公主方形钻石。价格报告以出版印刷的形式和电子表格的形式提供。

二、RAPAPORT 报价的解读

Rapaport 钻石报价是根据过去一个月里世界各主要钻石贸易中心的卖家出价而做的统计价格，随着多年来的不断完善，如今该报价成为很多钻石批发商、首饰制造商和钻石零售商确定钻石价格的参考。但是，每个阅读报价表的人都应该充分理解钻石价格的控制因素，因为每粒钻石的现时价格与其价值之间可能存在差异。

如图 8-6 为 2012 年 2 月 3 日发布的 Rapaport 圆型钻石报价，图 8-7 为 2012 年 2 月 3 日 Rapaport 异型钻石报价，在报价表的上方标示出本期报价的日期。

首先，报价体系基本是按照钻石的质量，对钻石进行分组：0.01～0.03ct、0.04～0.07ct、0.08～0.14ct、0.15～0.17ct、0.18～0.22ct、0.23～0.29ct、0.30～0.37ct、0.38～0.45ct、0.46～0.49ct、0.50～0.69ct、0.70～0.89ct、0.90～0.99ct、1.00～1.49ct、1.50～1.99ct、2.00～2.99ct、3.00～3.99ct、4.00～4.99ct、5.00～5.99ct，超过 6ct 的成品钻石通常采用议价的方式确定其价格。

其次，以颜色为纵轴、以净度为横轴确定相应单元格，每个颜色、净度级别的钻石在一个质量组内会有一个价格数字，例如，通过查阅报价体系可以发现，质量为 0.70～0.89ct、净度为 VS_1、颜色为 H 的圆型钻石的相应价格数字为 50，这表示对于具有正常切工并且质量在 70～89pt 之间、净度为 VS_1、颜色为 H 的圆型钻石，卖家的出价为每克拉 5 000 美元。通常而言，这个价格是大多数钻石批发商愿意出手的价格，可是却往往并非真实的交易价格，而是买家讨价还价的初始价格。实际交易中在这个价格基础上会有所折扣，但是不同情况下折扣并不一致。例如，发生在一个月内不同时间的交易折扣可能不同、不同的购买量折扣可能不同、不同类型的"客户"折扣可能不同。此外，市场也是影响折扣的重要因素。例如，若目前美国市场 2ct 以上的钻石需求旺盛，则批发商提供的折扣就相应较小；反之，若 10pt 以下的钻石市场需求较小，则批发商可能会提供较大的折扣。

还有，为了便于业者更好地了解实际钻石交易中可能的报价折扣，Rapaport 每月更新一次交易指数，交易指数中反映了具体的钻石交易折扣。Rapaport 交易指数，每页划分四栏内容，每栏内按照钻石的质量、颜色、净度、证书、交易价、报价表折扣的顺序罗列相应的钻石信息。

RAPAPORT DIAMOND REPORT

Tel: 877-987-3400 • www.RAPAPORT.com • Info@RAPAPORT.com

February 3, 2012 : Volume 35 No. 5: APPROXIMATE HIGH CASH ASKING PRICE INDICATIONS : Page 1
NEW YORK ASKING PRICES: Round Brilliant Cut Diamonds per "Rapaport Spec 2" in hundreds US$ per carat.

News: Far East diamond demand restrained but strong gold demand spurs jewelry sales during Chinese New Year. Belgian polished suppliers hold prices firm despite weak trade at Antwerp Diamond Fair. Rough premiums improve but confusion remains over DTC box values. Prices stable at Petra Diamonds tender as company reports 1H revenue +13% to $101M, production +64% to 953,553 Cts. Titan Industries 3Q sales +25% to $493M, profit +19% to $33M. Japan's Dec. polished diamond imports +28% to $67M, 2011 imports +17% to $814M.

ROUNDS

RAPAPORT : (.01 - .03 CT.) : 02/03/12

	IF-VVS	VS	SI1	SI2	SI3	I1	I2	I3
D-F	13.0	10.0	7.3	6.0	5.2	4.7	4.0	3.2
G-H	10.0	8.5	6.5	5.5	4.8	4.5	3.8	3.0
I-J	7.5	6.8	5.8	5.0	4.4	4.2	3.5	2.7
K-L	4.9	4.2	3.9	3.5	3.1	2.6	2.2	1.6
M-N	3.6	3.0	2.4	2.1	1.8	1.5	1.3	1.0

RAPAPORT : (.04 - .07 CT.) : 02/03/12

	IF-VVS	VS	SI1	SI2	SI3	I1	I2	I3
D-F	13.0	10.0	7.3	6.0	5.4	4.8	4.2	3.4
G-H	10.0	8.5	6.5	5.5	5.0	4.6	4.0	3.2
I-J	7.5	6.9	5.8	5.0	4.6	4.4	3.7	3.0
K-L	5.3	4.8	4.4	3.8	3.4	3.1	2.5	2.0
M-N	4.0	3.5	2.7	2.4	2.0	1.8	1.5	1.2

RAPAPORT : (.08 - .14 CT.) : 02/03/12

	IF-VVS	VS	SI1	SI2	SI3	I1	I2	I3
D-F	13.0	10.5	8.6	7.6	6.7	5.5	4.7	4.0
G-H	10.5	9.1	7.7	6.7	6.0	4.9	4.2	3.6
I-J	9.0	8.1	6.9	6.0	5.3	4.5	3.9	3.3
K-L	6.8	6.2	5.3	4.5	3.8	3.3	2.8	2.3
M-N	4.6	4.1	3.5	3.1	2.8	2.3	1.8	1.4

RAPAPORT : (.15 - .17 CT.) : 02/03/12

	IF-VVS	VS	SI1	SI2	SI3	I1	I2	I3
D-F	15.3	13.2	10.1	8.6	7.3	5.9	4.9	4.1
G-H	13.2	11.5	9.1	7.4	6.3	5.2	4.4	3.7
I-J	11.2	10.0	7.8	6.5	5.5	4.6	4.1	3.4
K-L	8.2	7.3	5.8	5.1	4.1	3.5	2.9	2.4
M-N	5.5	4.6	3.9	3.4	3.1	2.4	1.9	1.7

*It is illegal and unethical to reproduce this price sheet. Please do not make copies. © 2012

RAPAPORT : (.18 - .22 CT.) : 02/03/12

	IF-VVS	VS	SI1	SI2	SI3	I1	I2	I3
D-F	16.0	13.6	11.0	9.6	8.3	6.6	5.4	4.3
G-H	14.6	12.5	10.1	8.7	7.5	5.9	5.0	4.0
I-J	12.4	10.8	8.7	7.5	6.4	5.1	4.5	3.6
K-L	9.5	8.0	6.8	5.8	4.9	4.3	3.3	2.6
M-N	8.0	6.6	5.7	4.6	4.0	3.0	2.2	1.8

RAPAPORT : (.23 - .29 CT.) : 02/03/12

	IF-VVS	VS	SI1	SI2	SI3	I1	I2	I3
D-F	22.0	17.5	13.0	10.7	9.4	7.7	6.2	4.8
G-H	18.1	14.8	11.5	10.0	8.5	6.9	5.4	4.5
I-J	15.0	12.1	9.5	8.5	7.3	5.8	4.8	4.0
K-L	11.5	10.0	7.7	7.0	6.2	4.7	3.7	2.9
M-N	9.6	8.5	6.7	5.8	5.1	3.6	2.7	2.1

Very Fine Ideal and Excellent Cuts in 0.30 and larger sizes may trade at 10% to 20% premiums over normal cuts.

RAPAPORT : (.30 - .39 CT.) : 02/03/12

	IF	VVS1	VVS2	VS1	VS2	SI1	SI2	SI3	I1	I2	I3
D	45	38	33	29	25	21	19	17	15	11	7
E	38	34	30	26	23	20	18	17	15	10	6
F	34	31	27	23	21	19	17	16	14	9	6
G	31	28	25	22	20	18	16	15	13	8	5
H	27	25	23	20	19	17	15	14	12	8	5
I	24	22	20	18	17	16	14	13	11	7	5
J	21	19	17	16	15	14	13	12	10	7	4
K	19	18	16	15	14	13	12	10	8	6	4
L	16	15	15	14	13	12	10	8	6	5	3
M	14	14	13	12	12	11	9	7	5	4	3

W: 27.88 = 0.00% T: 16.10 = 0.00%
0.60 - 0.69 may trade at 7% to 10% premiums over 0.50

RAPAPORT : (.40 - .49 CT.) : 02/03/12

	IF	VVS1	VVS2	VS1	VS2	SI1	SI2	SI3	I1	I2	I3
D	54	45	40	37	29	24	22	20	16	12	8
E	45	41	37	33	27	23	20	19	15	11	8
F	41	37	33	29	26	22	19	18	15	11	7
G	38	33	31	28	25	21	18	17	14	10	6
H	34	32	28	25	23	20	17	16	13	9	6
I	30	27	25	22	21	19	16	15	12	8	6
J	26	24	22	20	18	16	15	14	11	8	5
K	24	22	20	18	17	15	13	12	9	7	5
L	21	20	19	17	16	14	12	10	7	6	4
M	18	17	16	15	14	13	10	8	6	5	4

W: 34.04 = 0.00% T: 19.29 = 0.00%
0.80-0.89 may trade at 7% to 12% premiums over 0.70

RAPAPORT : (.50 - .69 CT.) : 02/03/12

	IF	VVS1	VVS2	VS1	VS2	SI1	SI2	SI3	I1	I2	I3
D	96	73	64	54	49	40	31	28	23	18	12
E	73	63	59	51	44	36	29	25	22	17	11
F	63	58	53	49	41	32	27	23	21	16	11
G	60	53	49	43	36	29	23	21	20	15	10
H	53	49	43	36	32	27	22	20	19	14	9
I	45	41	36	32	29	23	21	19	18	13	9
J	35	33	30	28	24	21	20	18	17	12	8
K	30	28	26	22	21	20	19	17	16	11	8
L	27	24	22	21	20	19	17	15	14	10	7
M	23	21	20	19	18	16	14	13	9	6	4

W: 53.76 = 0.00% T: 28.35 = 0.00%

RAPAPORT : (.70 - .89 CT.) : 02/03/12

	IF	VVS1	VVS2	VS1	VS2	SI1	SI2	SI3	I1	I2	I3
D	123	92	82	71	66	55	48	41	32	20	13
E	92	82	74	67	61	52	45	39	31	19	12
F	82	74	67	63	55	49	42	36	30	18	12
G	74	67	63	55	50	44	39	34	29	17	11
H	67	63	55	50	45	41	36	32	27	16	11
I	55	52	50	45	42	36	31	29	25	15	11
J	41	40	39	35	33	31	29	25	23	14	10
K	35	34	32	29	27	25	23	22	19	13	10
L	31	29	28	24	23	22	20	19	17	11	9
M	30	28	26	23	22	21	19	17	14	9	6

W: 69.60 = 0.00% T: 37.28 = 0.00%

Prices in this report reflect our opinion of HIGH CASH NEW YORK ASKING PRICES. These prices may be substantially higher than actual transaction prices. No guarantees are made and no liabilities are assumed as to the accuracy or validity of the information in this report. © 2012 by Martin Rapaport. All rights reserved. Reproduction in any form is strictly prohibited.

图 8-6　2012 年 2 月 3 日 Rapaport 圆型钻石报价

RAPAPORT DIAMOND REPORT

Tel: 877-987-3400 • www.RAPAPORT.com • Info@RAPAPORT.com

February 3, 2012 : Volume 35 No. 5: APPROXIMATE HIGH CASH ASKING PRICE INDICATIONS : Page 1

PEAR SHAPES   **FINE CUT, IN HUNDREDS U.S.$ PER CARAT**   **PEAR SHAPES**

News: Fancy market improving as price differentials from rounds increases demand and reduces supply. Price conscious consumers are moving to fancies as their prices are much lower than rounds. Price differentials also encouraged cutters to manufacture rounds instead of fancies in 2011, creating shortages of fancies. Square cuts doing better than curves (Pear Shapes, Ovals, Marquise etc.). Fancy shapes remain less liquid than rounds and may trade at significantly higher discounts for medium-to less-well-cut diamonds. Very large (5 ct.+) top quality extremely well fancies attracting some investment demand.

Rapaport prices are based on fine cut, well-shaped diamonds.
Poorly cut or shaped stones often trade at very large discounts.

Princess Cuts: Good demand in U.S. and China for smaller sizes. Fair Indian demand for sizes above 0.5 ct.
Emerald Cuts: Emerald Cuts popular in larger sizes.
Cushions: U.S. demand weaker than before. Square and brilliant Cushions gaining popularity in Far East.
Asschers and Radiants: Low demand relative to other shapes. Radiants improving.
Marquise: Good Indian demand for small sizes below 0.50 ct. set in jewelry. Discounts in line with Pears.
Ovals: Good demand.
Hearts: Strong Far East demand and severe shortages for well shaped larger sizes. Demand increasing with discounts getting close to Pears.
Notice: Oversizes may trade at 5% to 15% premiums over similar quality straight size.
Oversizes are (0.60-0.69), (0.80-0.89), (0.96-0.99), (1.30-1.49), (1.75-1.99), (2.50+), (3.50+), & (5.50+).

Rapaport welcomes confidential price information and comments. Please email prices@Diamonds.Net.

RAPAPORT : (.18 - .22 CT.) : 02/03/12 PEARS

	IF-VVS	VS	SI1	SI2	SI3	I1	I2	I3
D-F	13.6	11.6	9.4	8.2	7.1	5.6	4.6	3.7
G-H	12.4	10.6	8.6	7.4	6.4	5.0	4.3	3.4
I-J	10.5	9.2	7.4	6.4	5.4	4.3	3.8	3.1
K-L	8.1	6.8	5.8	4.9	4.2	3.7	2.8	2.2
M-N	6.8	5.6	4.8	3.9	3.4	2.6	1.9	1.5

RAPAPORT : (.23 - .29 CT.) : 02/03/12 PEARS

	IF-VVS	VS	SI1	SI2	SI3	I1	I2	I3
D-F	17.5	14.0	11.1	9.1	8.0	6.5	5.3	4.1
G-H	14.5	11.5	9.8	8.2	7.2	5.9	4.6	3.8
I-J	12.0	10.3	8.1	7.2	6.2	4.9	4.1	3.4
K-L	9.4	8.4	6.5	6.0	5.3	4.0	3.1	2.5
M-N	6.9	6.4	5.7	4.9	4.3	3.1	2.3	1.8

PEARS : PEARS : PEARS : PEARS : PEARS

•It is illegal and unethical to reproduce this price sheet. Please do not make copies. © 2012

RAPAPORT : (.30 - .39 CT.) : 02/03/12 PEARS

	IF	VVS1	VVS2	VS1	VS2	SI1	SI2	SI3	I1	I2	I3
D	33	29	26	22	19	17	15	13	11	8	6
E	29	26	23	20	18	15	14	13	10	8	5
F	26	23	20	17	16	14	13	12	9	7	5
G	23	20	18	16	15	14	12	11	9	7	5
H	19	18	16	15	14	13	11	10	8	6	4
I	16	15	14	13	13	12	10	9	8	6	4
J	13	12	12	11	11	10	9	8	7	5	4
K	11	10	9	9	9	8	7	7	6	5	4
L	10	9	9	8	8	8	7	6	5	4	3
M	9	9	9	8	8	7	6	5	4	3	3

RAPAPORT : (.40 - .49 CT.) : 02/03/12 PEARS

	IF	VVS1	VVS2	VS1	VS2	SI1	SI2	SI3	I1	I2	I3
D	38	34	31	28	26	20	17	16	12	9	7
E	34	31	28	26	24	19	16	15	11	9	6
F	31	28	26	24	23	17	15	14	10	8	5
G	29	27	25	23	20	16	14	13	10	8	5
H	27	25	23	21	17	15	13	12	9	7	5
I	21	20	19	18	15	14	12	11	9	7	4
J	17	16	16	15	13	12	11	10	8	6	4
K	15	13	12	11	11	10	9	8	7	6	4
L	13	12	11	10	10	9	8	7	6	5	3
M	11	10	10	9	9	8	7	6	5	4	3

RAPAPORT : (.50 - .69 CT.) : 02/03/12 PEARS

	IF	VVS1	VVS2	VS1	VS2	SI1	SI2	SI3	I1	I2	I3
D	63	48	41	36	33	27	23	22	18	13	9
E	48	41	37	32	29	24	21	20	17	13	8
F	41	37	32	30	27	23	20	18	16	12	7
G	37	33	30	27	24	21	18	16	15	12	7
H	33	30	28	25	22	19	17	15	14	11	7
I	29	26	24	22	19	17	15	14	13	11	6
J	23	21	20	18	17	16	14	13	12	10	6
K	18	16	16	15	15	13	13	12	10	8	6
L	15	14	14	13	13	13	12	11	9	7	5
M	13	12	12	12	11	11	10	9	8	6	5

RAPAPORT : (.70 - .89 CT.) : 02/03/12 PEARS

	IF	VVS1	VVS2	VS1	VS2	SI1	SI2	SI3	I1	I2	I3
D	78	58	54	51	46	39	33	30	24	16	10
E	58	54	51	47	43	36	30	27	23	15	9
F	54	51	47	45	40	34	28	25	22	14	9
G	51	47	43	39	35	31	25	23	21	14	8
H	46	42	38	34	31	27	23	22	19	13	8
I	38	34	31	28	25	23	20	19	17	13	8
J	28	26	25	24	22	20	19	18	14	12	7
K	25	23	21	18	17	16	15	15	13	10	7
L	21	20	19	17	16	15	14	14	12	9	6
M	17	17	17	16	15	14	13	12	10	8	6

Prices in this report reflect our opinion of HIGH CASH NEW YORK ASKING PRICES. These prices may be substantially higher than actual transaction prices. No guarantees are made and no liabilities are assumed as to the accuracy or validity of the information in this report. © 2012 by Martin Rapaport. All rights reserved. Reproduction in any form is strictly prohibited.

RAPAPORT DIAMOND REPORT

Tel: 877-987-3400 • www.RAPAPORT.com • Info@RAPAPORT.com

February 3, 2012 : Volume 35 No. 5: APPROXIMATE HIGH CASH ASKING PRICE INDICATIONS : Page 2
SPOT CASH NEW YORK: Pear Shape Diamonds in Hundreds US$ Per Carat: THIS IS NOT AN OFFERING TO SELL

We grade SI3 as a split SI2/I1 clarity. All price changes are in **Bold**.
Prices for fancy shapes are highly dependent on the cut. Poorly made stones often trade at huge discounts while well-made stones may be hard to locate and bring premium prices.
Rapaport welcomes confidential price information and comments. Please email prices@Diamonds.Net.

RAPAPORT : (.90 - .99 CT.) : 02/03/12 PEARS

	IF	VVS1	VVS2	VS1	VS2	SI1	SI2	SI3	I1	I2	I3
D	104	84	74	64	55	52	43	36	27	19	11
E	84	74	64	58	53	49	40	34	26	18	10
F	74	64	57	55	50	46	39	32	25	17	10
G	64	57	55	53	47	44	36	30	24	16	9
H	53	49	47	45	42	40	35	28	23	16	9
I	47	44	43	41	37	34	31	26	22	15	9
J	40	37	35	33	31	28	25	23	19	14	8
K	32	31	30	28	26	24	23	20	17	13	8
L	26	25	24	23	22	20	19	17	13	11	7
M	20	20	20	19	19	18	17	12	10	7	

RAPAPORT : (1.00 - 1.49 CT.) : 02/03/12

	IF	VVS1	VVS2	VS1	VS2	SI1	SI2	SI3	I1	I2	I3
D	174	129	109	89	74	60	50	41	31	22	13
E	129	109	94	79	69	57	48	40	30	21	12
F	109	94	79	73	65	55	47	39	29	21	11
G	84	79	74	68	62	51	44	37	27	20	10
H	74	64	59	55	50	45	40	35	26	19	10
I	59	54	52	47	43	39	35	31	25	18	10
J	49	45	43	40	38	34	31	27	22	16	9
K	41	38	37	34	32	30	27	24	19	15	9
L	35	34	33	30	28	26	24	21	17	13	9
M	30	28	26	24	22	20	19	18	15	11	8

RAPAPORT : (1.50 - 1.99 CT.) : 02/03/12 PEARS

	IF	VVS1	VVS2	VS1	VS2	SI1	SI2	SI3	I1	I2	I3
D	210	160	140	115	99	82	67	53	40	26	14
E	160	140	120	110	92	80	65	51	39	25	13
F	135	120	110	94	86	77	63	49	37	24	12
G	110	105	94	88	78	70	59	47	36	23	11
H	90	81	77	73	67	60	51	43	32	22	11
I	75	69	67	62	56	53	44	39	30	20	11
J	65	55	53	49	45	43	37	32	25	18	10
K	50	46	45	42	39	37	33	28	23	17	10
L	43	40	38	36	34	28	24	21	15	11	
M	35	34	32	30	27	26	23	21	18	14	9

RAPAPORT : (2.00 - 2.99 CT.) : 02/03/12

	IF	VVS1	VVS2	VS1	VS2	SI1	SI2	SI3	I1	I2	I3
D	300	240	210	180	150	115	84	63	49	29	15
E	240	210	180	160	135	110	82	61	48	28	14
F	210	180	160	135	125	105	80	59	45	27	13
G	170	150	135	125	115	95	77	55	42	26	12
H	135	115	105	100	93	80	66	50	40	25	12
I	100	93	88	79	74	70	60	46	37	23	12
J	80	72	69	63	59	56	50	38	30	20	11
K	70	65	59	53	52	50	46	34	27	19	11
L	55	50	46	42	37	35	31	23	18	11	
M	45	43	41	39	36	34	28	26	21	17	10

PEARS : PEARS : PEARS : PEARS : PEARS

It is illegal and unethical to reproduce this price sheet. Please do not make copies. © 2012

RAPAPORT : (3.00 - 3.99 CT.) : 02/03/12 PEARS

	IF	VVS1	VVS2	VS1	VS2	SI1	SI2	SI3	I1	I2	I3
D	600	410	355	300	245	165	110	75	60	33	17
E	410	355	320	270	225	155	105	70	55	31	16
F	355	320	280	250	205	145	100	65	50	29	15
G	300	275	250	210	185	125	96	60	47	27	14
H	235	225	205	175	160	88	55	44	26	14	
I	175	165	155	140	115	95	76	50	41	25	14
J	130	126	116	105	95	75	65	46	38	24	13
K	103	99	95	87	78	65	55	42	33	21	12
L	75	66	63	58	54	45	41	34	29	21	12
M	60	57	54	50	46	40	35	30	24	19	11

RAPAPORT : (4.00 - 4.99 CT.) : 02/03/12

	IF	VVS1	VVS2	VS1	VS2	SI1	SI2	SI3	I1	I2	I3
D	680	510	470	415	360	210	139	83	65	36	20
E	510	470	440	380	335	200	133	79	60	34	18
F	460	440	400	345	295	185	129	75	55	32	16
G	390	355	315	300	250	170	126	70	51	30	15
H	340	295	270	250	210	150	111	65	48	27	14
I	222	211	194	181	169	128	98	60	45	27	15
J	170	160	150	140	130	104	85	55	42	25	14
K	135	127	120	110	101	81	72	50	36	24	14
L	91	87	84	80	77	62	54	41	32	23	13
M	75	70	66	62	60	51	44	35	26	20	12

RAPAPORT : (5.00 - 5.99 CT.) : 02/03/12 PEARS

	IF	VVS1	VVS2	VS1	VS2	SI1	SI2	SI3	I1	I2	I3
D	1000	720	660	605	475	285	180	90	70	39	21
E	720	660	620	555	445	275	175	85	65	37	19
F	630	580	540	480	380	250	165	80	60	35	18
G	510	460	430	380	310	220	155	75	56	33	17
H	410	380	340	310	265	190	135	70	53	31	16
I	300	280	260	230	210	150	115	60	50	29	16
J	215	205	195	175	165	135	105	60	46	28	15
K	170	165	155	140	130	115	85	55	42	27	15
L	115	107	101	97	94	76	63	45	37	24	14
M	96	91	85	80	76	63	55	40	30	22	13

RAPAPORT : (10.00 - 10.99 CT.) : 02/03/12

	IF	VVS1	VVS2	VS1	VS2	SI1	SI2	SI3	I1	I2	I3
D	1750	1250	1130	960	780	480	320	146	90	50	24
E	1250	1130	960	870	730	445	310	136	85	47	22
F	1030	935	870	740	630	410	295	131	80	45	21
G	800	750	690	635	550	370	280	127	76	42	20
H	650	604	562	515	430	310	245	115	73	40	19
I	490	462	436	385	355	270	215	100	70	38	18
J	380	360	340	310	285	225	180	90	65	36	18
K	290	275	255	245	220	185	155	85	60	34	17
L	205	195	190	180	160	135	105	75	51	32	17
M	165	160	150	141	134	110	91	65	43	30	16

* 0.60 - 0.69 : 0.96 - 0.99 : 1.30 - 1.49 : 1.75-1.99 : 2.50 - 2.99 : May trade at 5% to 10% over straight sizes.

Prices in this report reflect our opinion of HIGH CASH NEW YORK ASKING PRICES. These prices may be substantially higher than actual transaction prices. No guarantees are made and no liabilities are assumed as to the accuracy or validity of the information in this report. Copyright © 2012 by Martin Rapaport. All rights reserved. Reproduction in any form is strictly prohibited.

图 8-7 2012 年 2 月 3 日 Rapaport 异型钻石报价

第五节 中国钻石市场的现状及政策

一、中国钻石市场的发展及现状

我国钻石市场兴起虽晚,发展却非常惊人。据不完全统计,1990年钻石市场刚起步时全国的钻石首饰销售额仅为1.6亿美元,而到2006年一般贸易额钻石进出口交易则已经达到6.1亿美元。中国大陆是一个新兴的钻石市场,尽管市场的发展仍处于初级阶段,但中国拥有世界1/4的人口并且经济发展强劲,这都将成为拉动钻石首饰业发展的最根本动力。虽然目前中国的钻石首饰消费量与世界相比只占5%的份额,但却在以每年15%的速度递增,不久的将来很可能成为仅次于美国的世界第二大珠宝消费大国。

随着我国钻石业的发展,中国大陆的钻石加工技术及成本优势已吸引了大量海外及港台企业在内地设厂。目前,我国钻石加工企业共计100家左右,主要集中在广东、山东和上海等地区,业务类型以来料加工为主,目前从业人数约为三、四万人。广东省的加工企业主要分布在从化、番禺和珠海,是我国钻石加工企业最集中的地区;山东省的京华钻石有限公司是致力加工钻石的企业,下属十几家加工厂,在国内享有较高的知名度;上海是中国钻石加工的发源地,尽管随着生产成本的增加钻石加工业务在缩减,但是仍然是重要的钻石加工城市。

我国钻石资源缺乏,钻石来源主要依靠进口,随着钻石行业的发展,我国成立了第一个钻石交易所——上海钻石交易所(图8-8)。上海钻石交易所是由国家批准设立、享受税率优惠政策、面向全国的钻石进出口和源头级内贸批发的交易平台,对全国的钻石行业和珠宝首饰行业的发展有着非常大的影响。上海钻石交易所于2000年成立,并于2002年6月1日正式运行。该机构旨在培育中国钻石交易的主体市场,满足日益增长的钻石消费需求,规范和促进中国钻石产业的发展,抓住世界钻石加工产业梯度转移的机遇,使中国加入国际钻石加工和贸易体系。上海钻石交易所成立伊始,共有70多家会员企业。此后不久,国务院又批准组建钻石交易联合管理办公室。这两个机构的建立,逐步扭转了我国以往钻石交易无序的状况,使我国钻石交易步入了规范化的轨道。

图8-8 上海钻石交易所

二、中国钻石市场政策演变及作用

钻石交易所成立之初,一边是声明可提供诸多"特享优惠政策"的钻石交易所门庭冷落,一边是场外交易热火朝天。尽管我国的钻石市场早已开放,进口许可证早就取消,但高达34%的关税壁垒对市场形成限制。此后,尽管关税降低为零,但是17%的进口环节增值税仍然令人望而却步。与国外成功交易所实行的"零税率"政策相比,中国的高税收导致了钻石走私的猖獗,黑市交易曾一度占据钻石市场95%的份额。

2006年,国家财政部、海关总署和国家税务总局联合下发《通知》,调整上海钻石交易所有关税收政策。自2006年7月1日起,钻石在进口等环节将获得税额减免,成品钻进口环节增值税负由17%降至4%,对毛坯钻石免征进口环节增值税。新税收政策规定,通过上海钻石交易所进行交易或销售的企业,都可以获得一定的优惠政策。这是国家为规范我国钻石进出口和交易秩序、打击非法钻石交易、推动中国钻石行业的健康发展采取的有力措施。

2006年8月15日是成品钻进口环节增值税超过4%部分"即征即退"新政策实施第一天,钻石交易所成品钻以一般贸易方式进口单量创历史新高。当日成品钻一般贸易进口总计25批,是海关驻钻石交易所办事处成立以来日均受理一般贸易进口报关单量的5倍。当天一般贸易进口成品钻货值1 071万美元,是新政策出台前日平均进口货值的18倍。

新的钻石增值税政策有助于中国大陆的钻石进口业务迅速发展,为外商进入中国市场提供了更有利的条件,也将有利于国内钻石加工企业的发展。新税制有助于打击非法的钻石贸易及买卖票据等违法行为,为中外钻石企业提供了公正、公平及公开的良性竞争平台,以往通过逃、漏税而以低价格获取客户的企业将逐渐退出市场。对零售商而言,新政策实行后,价格比拼对市场的影响将越来越小,零售商只有通过提高服务和货品质量、树立品牌才能获得长远发展。因此,选择优秀的供应商、加强产业链的紧密配合就显得尤为重要。尽管新的税收政策会加剧内地钻石市场的业界竞争,但正面而公开的竞争有助行业健康发展,长远来看必将为业界开辟更大的市场空间。

得益于国家税赋政策的扶持,2006年上海钻石交易所即取得了令人满意的业绩,一般贸易额钻石进出口交易突破6亿美元大关,达到6.1亿美元,比上年增长44.4%。新政策的实施,还促进了钻石交易所会员队伍的扩大,至2006年底,会员数量已达到196家,比2006年上半年增加了30家,其中外资会员达到了132家。

2009年,在全球钻石市场普遍低迷的情况下,上海钻石交易所的进出口额和所内交易额仍然实现了16.4%的增长,达到15.21亿美元,尤其是首饰钻进口达6.99亿美元,同比猛增30.7%,超过日本成为全球第二大钻石消费市场。

2010中国钻石业在经历了长达两年的严重衰退后,由于世界钻石行业开始复苏,新兴经济体增长尤其明显,2010年1月至10月,通过上海钻石交易所海关的钻石进出口额和上海钻石交易所内交易达到21.56亿美元,比2009年同期增长75.2%,中国钻石贸易2010年一举突破25亿美元。2011年钻石进口增长63%。

三、上海钻石交易所业务流程

作为国家级要素市场,交易所按照国际钻石交易通行的规则运行,为国内外钻石商提供一个公平、公正、安全并实行封闭式管理的交易场所。交易所内有设施齐全的交易大厅、海关、外管、工商等政府机构一站式受理业务大厅和多家银行、保险、押运、钻石鉴定等配套服务机构,还有近百间可供会员租用的高标准办公用房。上海钻石交易所具备便捷、完善的通讯、网络系统及完备的消防、监控、安保设施系统。

1.通过钻石交易所海关办理钻石加工贸易进出口业务的流程(图8-9)

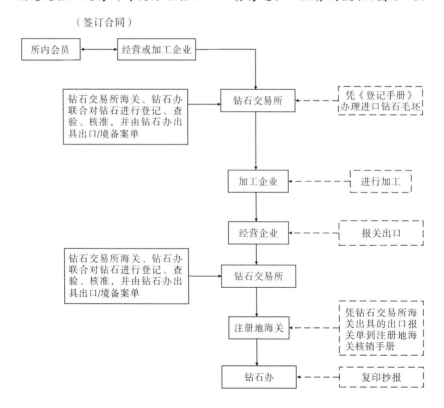

图8-9 通过钻石交易所海关办理钻石加工贸易进出口业务的流程

2.上海钻石交易所业务流程示意图(图8—10)

上海钻石交易所交易业务流程示意图

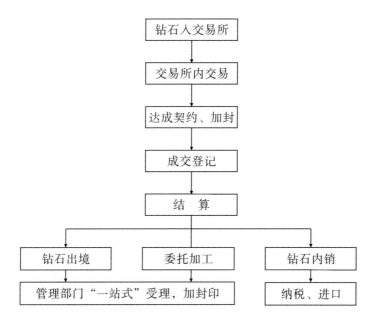

图8—10 上海钻石交易所业务流程示意图

附录 镶嵌钻石分级规则

1. 镶嵌钻石的颜色等级

(1)镶嵌钻石颜色采用比色法分级,分为7个等级,与未镶嵌钻石颜色级别的对应关系详见表1。

表1 镶嵌钻石颜色等级对照表

镶嵌钻石颜色等级	D—E		F—G		H	I—J		K—L		M—N		<N
对应的未镶嵌钻石颜色级别	D	E	F	G	H	I	J	K	L	M	N	<N

(2)镶嵌钻石颜色分级应考虑金属托对钻石颜色的影像,注意加以修正。

2. 镶嵌钻石的净度等级

在10倍放大镜下,镶嵌钻石净度分为:LC、VVS、VS、SI、P五个等级。

3. 镶嵌钻石的切工测量与描述

(1)对满足切工测量的镶嵌钻石,采用10倍放大镜目测法或仪器测量法,测量台宽比、亭深比等比率要素。

(2)对满足切工测量的镶嵌钻石,采用10倍放大镜目测法,对影像修饰度的要素加以描述。

4. 钻石建议克拉质量表(表2)

表2 钻石建议克拉质量表

2.9	0.09	6.2	0.86
3.0	0.10	6.3	0.90
3.1	0.11	6.4	0.94
3.2	0.12	6.5	1.00
3.3	0.13	6.6	1.03
3.4	0.14	6.7	1.08
3.5	0.15	6.8	1.13
3.6	0.17	6.9	1.18

续表 2

3.7	0.18	7.0	1.23
3.8	0.20	7.1	1.33
3.9	0.21	7.2	1.39
4.0	0.23	7.3	1.45
4.1	0.25	7.4	1.51
4.2	0.27	7.5	1.57
4.3	0.29	7.6	1.63
4.4	0.31	7.7	1.70
4.5	0.33	7.8	1.77
4.6	0.35	7.9	1.83
4.7	0.37	8.0	1.91
4.8	0.40	8.1	1.98
4.9	0.42	8.2	2.05
5.0	0.45	8.3	2.13
5.1	0.48	8.4	2.21
5.2	0.50	8.5	2.29
5.3	0.53	8.6	2.37
5.4	0.57	8.7	2.45
5.5	0.60	8.8	2.54
5.6	0.63	8.9	2.62
5.7	0.66	9.0	2.71
5.8	0.70	9.1	2.80
5.9	0.74	9.2	2.90
6.0	0.78	9.3	2.99
6.1	0.81	9.4	3.09

参 考 文 献

陈钟惠.钻石证书教程[M].武汉:中国地质大学出版社,2001

郭守国,王以群.宝玉石学[M].上海:学林出版社,2005

林小玲.钻石鉴赏大全[M].广州:广州出版社,2005

马修·哈特(美).钻石的历史[M].北京:中信出版社,2006

潘兆橹.结晶学及矿物学[M].北京:地质出版社,1993

史恩赐.国际钻石分级概论[M].北京:地质出版社,2001

史恩赐.钻石加工工艺学[M].广州:广东科技出版社,1996

王雅玫,张艳.钻石宝石学[M].北京:地质出版社,2004

袁心强.钻石分级的原理与方法[M].武汉:中国地质大学出版社,1998

张蓓莉.系统宝石学[M].北京:地质出版社,2006

智尚田.钻石的分级和鉴定 HRD 标准[M].武汉:武汉工业大学出版社,1995

周祖翼,曾春光,廖宗廷.钻石与钻石鉴赏[M].上海:东方出版中心,2001

杜广鹏,沈炜.钻石的晶体形貌特征研究[J].中国宝石,15(4):182～184

李桂林,陈美华.高温高压处理钻石的谱学特征综述[J].宝石和宝石学杂志,2008,10(1):29～32

陆太进.钻石鉴定和研究的进展[J].宝石和宝石学杂志,2010,12(4):1～5

亓利剑,唐左军.辽宁金刚石中包裹体标型特征及意义[J].宝石和宝石学杂志,1999,1(3):27～33

亓利剑,袁心强.查塔姆合成无色钻石[J].宝石和宝石学杂志,1999,1(4):7～10

亓利剑,袁心强等.高压高温处理条件下钻石中晶格缺陷的演化与呈色[J].宝石和宝石学杂志,2001,3(3):1～7

邢旺娟.合成钻石及其常规鉴别[J].山西科技,2011,26(2):135～136

苑执中,彭明生,杨志军.高温高压处理改色的黄绿色金刚石[J].宝石和宝石学杂志,2002,4(2):29～30

国家珠宝玉石质量监督检验中心.中华人民共和国国家标准.北京:中国标准出版社,2003.

Campbell I.C.C. An independent gemological examination of six De beers synthetic diamonds[J]. The Journal of Gemology,2000,27(1):32～44

Chalain J—P et al. Indentification of GE—POL diamonds: a second step[J]. The Journal of Gemology,2000,27(2):73～78

De Weerdtv F.D.,Van Royen J.V. Investigation of seven diamond, HPHT treated by Nova Diamond[J]. Journal of Gemology,2000,27(4):201～208

Fisher D,Spits R.A. Spectroscopic Evidence of GE—POL HPHT—Treated Type Ⅱa Diamond[J]. Gems & Gemology,2000,36(1):42～49